明清苏式传统座椅研究

赵林红　唐彩云　著

中国轻工业出版社

图书在版编目（CIP）数据

明清苏式传统座椅研究 / 赵林红，唐彩云著.
北京：中国轻工业出版社，2025. 4. --ISBN 978-7
-5184-5510-2

Ⅰ. TS665. 4

中国国家版本馆CIP数据核字第2025DN0307号

责任编辑：赵雅慧　　责任终审：高惠京　　设计制作：锋尚设计
策划编辑：陈　萍　　责任校对：朱燕春　　责任监印：张　可

出版发行：中国轻工业出版社（北京鲁谷东街5号，邮编：100040）
印　　刷：三河市万龙印装有限公司
经　　销：各地新华书店
版　　次：2025年4月第1版第1次印刷
开　　本：787 × 1092　1/16　印张：9
字　　数：200千字
书　　号：ISBN 978-7-5184-5510-2　定价：68.00元
邮购电话：010-85119873
发行电话：010-85119832　010-85119912
网　　址：http://www.chlip.com.cn
Email：club@chlip.com.cn

242730W4X101ZBW

前言

从进入大学的那一天开始，我便与中国古典家具建立了不解之缘，后来跟随朱毅教授为青岛一木集团设计古典家具产品，再去企业跟进产品的生产，在这个过程中对明清家具的基本形态、结构与加工工艺等有了最初的认识。后来师从德高望重的王逢瑚教授，受到他老人家极大的支持与鼓励，只身前往明式家具的主产地苏州。

2006年，由江苏省申报的“明式家具制作技艺”正式被国务院批准收入第一批国家非物质文化遗产名录，而苏州红木雕刻厂有限公司被授予其传承单位，并于2010年成立明式家具制作技艺传承研究室。我非常幸运地进入苏州红木雕刻厂工作学习，师从明式家具传承人许家千先生，以及经验极为丰富的划线师傅陈家玉先生。在这期间，我不仅能够亲自参与传统家具的设计与制作，每当周末有空时，陈师傅还会带我走访已经退休的老匠师们，比如当时已经80多岁高龄的彭阿龙老先生。至今令我记忆尤深的是他的那些制作精美的工具被他非常仔细地收纳在家里的阁楼上，他视如珍宝，向我一一展示。除此之外，我还花费大量时间深入苏州及其周边地区，对现存的传统宅园和家具进行实地考察，从而获取了大量的一手资料。

苏州古城区作为江南文化的活态博物馆，至今仍完整保存着大量传统民居建筑与古典园林遗存。其大多数始建于明清，有的甚至可追溯到两宋，不乏优秀的历史文化遗产。在这些古建筑群中，陈列着数量可观的精美传统家具，旧家具以清代、民国时期为主，还有少量明代的遗存，另外还有一部分为现代仿制，但仍具有一定的参考价值。所有这些都为研究苏州乃至中国传统家具、古人的生活方式及社会文化发展提供了珍贵的资料。

本书以明清苏式传统座椅为研究对象，对其产生的地域背景、种类、构件特征、用材、结构与工艺进行了较为全面而系统的论述。在对明清苏式传统座椅类家具进行系统研究的过程中，可以深刻体会到苏作家具所呈现的不只是传统韵味的设计以及高超的工艺，更有蕴涵其中的精神：是文人对自然的热爱，对艺术的追求，对理想的执着，对生活的热爱；是工匠们对材料的充分把握，对品质的不懈追求，对细节的缜密考虑，以及对使用者的高度负责。这些都是在发展新中式家具时不容忽视的，是我们取之不尽的源泉，希望能够对未来中国家具的发展起到一定的指引作用。

由于才疏学浅，在著述过程中难免有不足之处，敬请读者指正，不胜感激。

赵林红

2025年3月

目录

1 绪论

1.1 研究背景 2

1.2 研究目的与意义 3

1.2.1 研究目的 3

1.2.2 研究意义 3

1.3 国内外研究现状 3

1.3.1 国内研究现状 3

1.3.2 国外研究现状 8

1.4 研究范围限定 9

1.4.1 时间范围 9

1.4.2 地域范围 10

1.5 研究内容与方法 10

1.5.1 研究内容 10

1.5.2 研究方法 10

2 苏式传统座椅形成的背景因素

2.1 自然地理环境 14

2.1.1 优越的地理位置 14

2.1.2 温润宜人的气候 14

2.1.3 丰富的物质资源 15

2.2 社会背景 15

2.2.1 历史沿革 15

2.2.2 经济与人文社会发展 16

2.3 苏式座椅的产生基础 23

2.3.1 席地而坐时期 23

2.3.2 座椅的萌芽时期 23

2.3.3 座椅的发展时期 25

2.3.4 座椅的鼎盛时期 27

3 明清苏式传统座椅的品种与形制

3.1 靠背椅 32
3.1.1 灯挂椅 32
3.1.2 单背椅 36
3.1.3 屏背椅 39
3.1.4 笔梗椅 44
3.1.5 其他形制靠背椅 45
3.2 扶手椅 47
3.2.1 官帽椅 47
3.2.2 圈椅 53
3.2.3 玫瑰椅 55
3.2.4 直背椅 58
3.2.5 太师椅 59
3.2.6 拐子纹扶手椅 62
3.2.7 其他形制扶手椅 65

4 明清苏式传统座椅的主要构件种类与特征

4.1 构件名称 72
4.2 搭脑的种类与特征 73
4.2.1 一字式搭脑 73
4.2.2 纱帽翅式搭脑 75
4.2.3 桥梁式搭脑 76
4.2.4 驼峰式搭脑 77
4.2.5 卷书式搭脑 77
4.2.6 弓形搭脑 78
4.2.7 圆弧形搭脑 79
4.2.8 其他形式搭脑 79
4.3 椅背的种类与特征 80
4.3.1 独板式椅背 80
4.3.2 攒框式椅背 83
4.3.3 屏风式椅背 85
4.3.4 其他形式椅背 86
4.4 腿足的种类与特征 87
4.4.1 圆形腿足 87
4.4.2 方形腿足 87
4.5 座面的种类与特征 88
4.6 扶手的种类与特征 91
4.6.1 平直式扶手 92
4.6.2 曲线式扶手 93
4.6.3 其他形式扶手 95

4.7 牙子的种类与特征 96
4.7.1 角牙 96
4.7.2 券口牙子与圈口牙子 98
4.7.3 牙条与牙头 100
4.7.4 其他形式牙子 101
4.8 枨子的种类与特征 102
4.8.1 桥梁档 102
4.8.2 直枨 104
4.8.3 霸王枨 104
4.8.4 其他形式枨子 104

5 明清苏式传统座椅的用材、结构与木工工艺

5.1 用材 110
5.2 结构 111
5.2.1 主要名词术语 111
5.2.2 主要结构 112
5.3 木工工艺（以划线工艺为例） 116
5.3.1 划线工具 117
5.3.2 明式南宫帽椅划线过程 118
5.3.3 划线工艺中的常用措施 127

参考文献 134

1

绪论

明清苏式家具是中国古典家具中的典范，其多变的款式、极致的艺术性、合理的结构与精益求精的工艺深深地震撼着人心，而座椅类家具又是其中的典型代表。本研究将聚焦明清这一关键发展时期的苏式座椅，结合文献考证与实物分析，为传统家具研究提供新的学术视角。

1.1 研究背景

《礼记·王制》曰："凡居民材，必因天地寒暖燥湿。广谷大川异制，民生其间者异俗，刚柔、轻重、迟速异齐，五味异和，器械异制，衣服异宜。"由此可见，独特的自然地理环境造就了苏州灿烂辉煌的文化。

地处长江下游、太湖之滨的苏州历史悠久，早在一万年前就已经有先民生活在这片土地上。由于苏州浓厚的历史文化背景以及独特的地理、政治、经济、民俗等诸方面因素，早在春秋时期，著名的香山帮建筑便应运而生。其两千五百多年来绵延不断的古民居史，展现了中国古民居的一个缩影，在世界民居发展史上占有重要的地位，是东方古民居的主要代表，是世界民居发展的主要渊源之一。唐朝时，香山帮匠人在室内木器家具中开创了漆雕和镙钿制作工艺，开辟了小木工种的新领域。至明代，以苏州为中心的江南地区已经成为全国的经济重心和文化艺术中心，苏州地区的建筑与家具也发展至全面鼎盛时期，由此产生了"明式家具"，并以其"高逸""遁纯""典雅"的文人气息和艺术风格登上了时代的高峰，至今享誉中外。此后，虽经历代更迭，苏州地区的家具出现了不同于以往的新特征，并于清代末期趋于没落，但时至今日仍保留着苏式家具传统工艺的精髓，维持着自身独有的特点。

1.2 研究目的与意义

1.2.1 研究目的

①依托苏州地区独特的自然及人文背景，以对苏州一带遗存古宅园的深入实际调研为主要依据，结合相关文献及绘画资料，以座椅为例，对苏州明清时期传统家具的形态及演变进行系统梳理，旨在探寻苏州地区传统家具及其所承载的特定时期的思想文化与艺术审美的发展脉络。

②明清苏式传统座椅是中国传统文化的重要载体，对其进行深入研究，有助于更好地传承和弘扬中华优秀传统文化，让更多人了解古人的审美观念、生活方式和工艺水平，进而增强民族自豪感和文化自信。

③以座椅类家具为线索，通过对明清苏式椅类家具造型、装饰与工艺的全面剖析，探索传统苏式家具独特的设计之美及其所蕴含的真正的“工艺之美”。

1.2.2 研究意义

①通过研究苏州一带遗存古宅园的家具及其陈设，可以更深切地认识其传统文化及传统价值观，体会中国古人的情趣、操守和理想。对于苏州地区乃至全国的明清科技史、生活史、通俗文化史的研究具有重要的理论参考价值。

②对苏式家具的深入研究，将对国家非物质文化遗产——明式家具制作技艺的传承有重要的现实意义，并对我国传统家具研究体系的完善具有一定的意义。

③苏式家具是我国家具设计史上的一朵奇葩，对其进行深入的探讨与研究必然对我国现代家具设计与其未来发展方向有着重要的参考及指导意义。

1.3 国内外研究现状

1.3.1 国内研究现状

（1）国内关于中国传统家具的研究现状

从历史情况看，由于受中国传统观念等因素的影响，古代家具的传承主要靠一代代的口口相传，其理论研究几乎没有。到了明代后期，明式家具特有的文化气息和艺术风格备受当时士大夫文人阶层的提倡和青睐，有关家具内容的笔记开始激增，如文震亨的《长物治》、王圻的《三才图会》等。遗憾的是，这些著作所述及的内容大多是文人与家具的关系，从意趣或欣赏的角度做经验总结，并没有理论上的研究或文化艺术上的探讨。即便是《鲁班经》这种专业性很强的书籍，也只是记录当时家具制作的规矩法度以及民宅的择吉规则。此外，还有一些其他方面的书籍中对家具的使用情况有所述及，如《遵生八笺》《天水冰山录》等。

现代国人对传统家具的专题研究主要以时间为线索和以地域或民族为线索展开，同时还有一些将家具与其他领域相结合展开的研究等。

以时间为线索的研究包括限定在某一特定时期的家具样式的研究或家具史类研究，目前大多集中在明清两代。在明式家具研究方面，杨耀先生开其先河，撰写了数篇重要论文，后经陈增弼先生整理，于1986年出版了《明式家具研究》，对几类家具进行了实测并画出了具体的结构图。王世襄先生为集大成者，他的著作以丰富的图片向读者展现了明式家具之美，并对其进行了系统分类，从用材、做工、造型等方面对各类家具进行了分析，而且总结了明式家具的用材、装饰、结构及造型规律等，从而奠定了中国古典家具作为一门学科而必须具备的理论和物质基础。著名中国古典家具收藏家伍嘉恩女士的《明式家具二十年经眼录》是一部集收藏实践、学术研究与鉴赏心得于一体的重要著作。该书系统梳理了作者二十余载收藏生涯中经手、鉴赏的各类明式家具珍品，不仅从造型特征、结构工艺与材质选用等专业角度进行深入解析，更将其置于特定的历史文化语境中加以阐释。尤为可贵的是，作者以生动的笔触记录了诸多鲜为人知的收藏轶事，使这部学术著作兼具专业性与可读性，为明式家具研究提供了珍贵的实物资料与独特的观察视角。中国古典家具研究专家田家青，在明清家具的制作工具、修复、鉴赏等方面做了大量的研究，并亲自设计了大量具有明式家具风韵的家具作品。濮安国教授的《明清家具装饰艺术》从装饰部位、题材与手法以及装饰内容等方面对这一时期的家具装饰进行了全面而深入的研究，他认为“中国明清家具的装饰，与家具的造型和结构取得了珠联璧合、相得益彰的效果，是体现明清家具卓越成就和优秀艺术水平的重要组成部分”。除此之外，濮安国教授在《中国红木家具》一书中对中国古代家具的历史进行了图文并茂的系统介绍，全面剖析了明清时期的家具品类、艺术特色和文化内涵。朱家溍的《雍正年的家具制造考》更是针对雍正年间的时代背景及家具制作做了深入的剖析。牛晓霆、赵圆的《明清家具牙子装饰匠意及传承与创新研究》另辟蹊径，以明清家具的独特构件牙子作为研究对象，对其装饰类型的结构布局、造型特点进行归纳，并对其传承与创新进行了探讨。另外，还有众多学者及相关研究人员的学术成果呈现出研究视角多元化、研究深度不断拓展的趋势。具体而言，当前研究主要聚焦于明式家具的设计与审美理念、美学思想研究，明式家具的传承与创新研究以及其他相关领域的拓展性研究等。这些研究不仅丰富了明式家具的理论体系，也为传统家具文化的当代发展提供了新的思路。陆志荣的《清代家具》一书较为系统、全面地研究了清代家具的风格、种类、用材、结构、漆艺等，他指出清代家具"以豪华繁缛为风格，充分发挥了雕、嵌、描绘等手段，并吸收了外来文化的长处……一改前代风格"。台湾地区学者吴美凤的《盛清家具形制流变研究》一书从历史背景和满族习俗入手，探讨清代家具风格的形成，她指出"作为'一个文化的物质产品'，盛清时期的家具就是一个多元文化美学的代表"。2010年，邵晓峰教授的《中国宋代家具》一书出版，这是国内第一次对宋代家具进行较为深入而系统的研究，他通过对大量图像、文献与实物的总结归纳，展现了丰富多彩的宋代家具世界，填补了这一领域的空白，同时还探讨了宋代家具对现当代家具设计的启示："中国家具等设计艺术的复兴，不能仅满足于中国元素的拼凑，而应立足于中国文化特有的内涵和深度，直面当代丰富多彩的生活……"关于家具史类的系统研究主要有李宗山先生于2001年出版的《中国家具史图说》，对不同时期的家具按时代先后分类介绍，在充分利用出土实物和文献、传世资料的同时，以图文并茂的形式，对多种主要家具的发展与特征进行了分析，从而再现了中国几千年的家具发展历程。另外，在台湾地区也同步进行着对中国家具史的研究。崔咏雪于1989年出版的《中国家具史·坐具篇》，对坐具进行了通史性的研究。

近年来，以地域或民族为线索的研究不断深入并取得了显著的进展，研究重点聚集于明清时期三大主流家具流派——苏作、京作和广作家具的深入探讨，同时延伸至具有鲜明地域特色的晋式、宁式等家具类型。此外，学界还加强了对民族家具文化的关注，针对云南、西藏、西北、东北等地区的民族家具开展了系统性研究，这些研究不仅丰富了传统家具研究的内涵，也为中国家具文化的多样性研究提供了新的学术视角。濮安国教授的《苏式家具与广式和京式家具》一文对明清三作家具的特点进行了比较分析。蔡易安《清代广式家具》是研究广式家具的专著，介绍、分析了清代广式家具的形成、发展和风格以及在中国家具史上的地位等，多以图片形式展示。迟家琦、何肖玥的《清代广作家具的风格特征研究》一文系统分析了广作家具的起源、艺术特色和设计风格，探讨了广作家具的发展背景和诱因，并进一步阐述了广作家具的典型特征以及这些特征的形成原因和所带来的艺术影响。故宫博物院研究员胡德生主要对明清宫廷家具的来源、种类、造型、结构、材质、装饰、陈设以及鉴藏等方面做了大量的研究，出版了多部著作，如《故宫博物院藏明清宫廷家具大观》《明清宫廷家具二十四讲》等，将大量宫廷家具珍品呈现给大众。张福昌在2005年出版的《中国民俗家具》，介绍了西藏、内蒙古、陕西、山东、江苏、浙江、云南等地的平民家具及日用杂件，是一本较为广泛与全面的研究中国不同地域与民族家具的专著，他在书中指出："家具伴随着人类的种种需求而创造，伴随着生活方式的改变、科技的进步而日新月异，伴随着各地不同的自然资源、传统文化及民俗风情而呈现出千姿百态、五彩斑斓的地域特色。"研究其他区域家具的专著有《宁式家具艺术》及《晋作古典家具》。近几年还有关于福建地区传统家具的研究，如《闽作明清家具研究》对明清时期的闽作家具进行了梳理，同时延及闽作家具自身的历史、地理、文化背景的揭示等。另外还有数量可观的学术论文逐渐丰富着各区域的家具研究，一些研究古民居、古建筑或传统室内设计的书籍中也有少量对当地家具及其陈设的概括性阐述。

明代人文地理学家王士性在《广志绎》中写道"姑苏人聪慧好古，亦善仿古法为之……又如斋头清玩、几案、床榻，近皆以紫檀、花梨为尚。尚古朴不尚雕镂，即物有雕镂，亦皆商、周、秦、汉之式，海内僻远皆效尤之，此亦嘉、隆、万三朝为盛"，反映了苏作家具在当时的盛况。目前学术界专门针对苏作家具的研究越来越广泛，最为深入者当属濮安国教授，他曾指出"苏式家具是明式家具的典型代表"。在《明清苏式家具》一书中，濮安国教授进一步对明式家具和苏式家具的概念做了探讨，他指出"在所有家具流派中，唯有苏式家具能自始至终体现明清的最高水平，成为一个独立完整的体系"。此书同时对明清苏式家具的时代背景、品种、形制、用材、工艺、风格及其演变做了较为系统的阐述。苏州大学硕士研究生高峰的《江南明式书房家具研究》，以书房家具为切入点，从其发展、品种形制、风格特色、继承和创新等方面进行了全面而较为深入的研究。

另外，徐民苏、詹永伟等编的《苏州民居》一书对苏州民居家具的形成、种类、装饰、构造等做了简单的论述。高伟霞、吴智慧等在《明清宫廷苏式与民间苏作家具木雕技艺比较分析》一文中基于文史视角，从装饰风格、用材、图档设计、制作管理等方面阐述了明清宫廷苏式家具木雕和民间苏作家具木雕技艺体系的关联和差异。另外，还有针对苏式家具所蕴含的文化精神、审美趣味等的研究。近年来，学界对传统家具的保护、活态传承与创新设计的研究也日益深入，其中针对苏作家具的研究成果尤为显著。代表性研究包括殷浩、沈海泳的《非物质文化遗产视角下的苏作家具保护现状及对策研究》，该文从非遗保护视角探讨了苏作家具的现状与保护策略；蔡绍祥、高伟霞、郭玉良的《"互联网"背景下传统苏作家具发展特点与创新研究》则立足数字时代背景，分析了苏作家具的创新发展路径；而殷钰涵、王华的《苏作明式家具制作技艺活态传承路径探析》着重探讨了传统技艺的活态传承机制。这些研究从不同维度为苏作传统家具的保护与创新发展提供了理论支撑和实践指导，对构建适应现代社会的传承模式、完善发展机制具有重要的学术价值和现实意义。

（2）国内关于苏式传统座椅的研究现状

目前国内关于传统座椅的研究为数不少，如陈增弼先生的《太师椅考》专门对太师椅的来历及形态进行了考证，胡德生的《古代的椅和凳》对椅子的起源与发展、椅子的种类做了较为深入的探讨。此外，张志辉的《玫瑰椅小议——兼谈陈继儒与眉公样》与曾文翘、吴智慧的《玫瑰椅名称说与文化价值》等文章，针对玫瑰椅的名称、起源等问题进行了探究。王世襄先生的《明式家具研究》一书将明式座椅分为靠背椅、扶手椅、圈椅及交椅四类，除了对其形制进行了介绍，还列举了大量的实例并一一分析，这其中就有不少是苏州地区的产物。《中国家具史图说》中有对中国座椅造型与种类的发展演变的论述，所举图例中有出自苏州的。《清代家具》一书中也专门介绍了清代座椅的种类与形制，苏式椅也有提及。濮安国教授的《明清家具装饰艺术》中有对传统座椅装饰的研究，也包括部分苏式座椅的实例。《苏州民居》中简单述及苏州地区椅子的造型与装饰。长期从事民居研究的王其钧做过相关论述："江南民居家具与陈设可以苏州为代表……厅内正对门的墙前首先设置长大的天然几……天然几前置供桌或方桌，桌旁左右各设太师椅一把，除此外，在正厅的中间和两边，还按照一定的方位朝向，对称地布置大量的太师椅，并有配套的茶几、方桌或半桌等，在室内匾、联、灯、画的衬托下，显得沉稳庄重、井然有序。”对苏州地区传统座椅的研究以《明清苏式家具》一书中最为详尽且有针对性，以大量实例具体介绍和分析了多个种类的苏式椅，该书指出：“椅子，特别是扶手椅，被视为中国传统家具的精粹，是最富有民族传统形式的家具品种之一。”

尽管部分学术论文已开始关注明式座椅及苏式座椅的多维度研究，涉及形式造型、结构装饰、设计思想以及创新设计等多个层面，但整体而言，现有研究仍存在明显不足，这些研究普遍存在研究深度不足、系统性欠缺的问题。

1.3.2 国外研究现状

（1）国外关于中国传统家具的研究现状

在对中国传统家具的研究中，不乏外籍人士参与，虽然20世纪初在北京的中国鉴赏家们对早期家具的兴趣就开始复苏，但家具分类的建立更多还是应该归功于西方学者。20世纪30年代，美国的几部作品都将“优雅”作为中国家具的特征，这些由专栏作家撰写的作品的主题都是关于“金色与红色的漆”或者“古代宁波雕刻”的。1940年，约翰·福开森在《中国艺术研究》中指出“中国艺术家具最伟大的进步无疑发生在明代”，他认为没有装饰的木家具与漆家具同样重要。而影响最大的著述当属1944年德国人古斯塔夫·艾克与杨耀先生合作出版的《中国花梨家具图考》一书，当初虽没有大量发行，但其所提出的观点被在中国的西方人接受，并迅速融入主流讨论中。此书共收录了122件家具实物，30余张精确的测绘图纸，4张解析清楚的中国家具各种榫卯构造图纸，是明式家具研究无可争议的经典著作之一。该书在绪论中提到：“中国家具虽然经历了各个时代的风格变迁，但直到一个传统将要结束的时期，还始终保持其构造特征和精真简练的遗风。”1946年，威廉·德拉蒙德和罗伯特·德拉蒙德兄弟的硬木家具在巴尔的摩艺术博物馆（Baltimore Museum）展出，观众非常惊讶地发现，这些家具在其所强调的功能结构性上表现出了惊人的现代感，不是预料中那些著名的华丽漆器和精雕细刻的柚木家具，它们呈现出的是简约的设计、优雅干净的线条以及天然的美感。1948年，时任美国布鲁克林博物馆（Brooklyn Museum）东方艺术部主任的乔治·盖茨出版了*Chinese Household Furniture*，除对某些明式家具实物的探讨外，还扩展到明代中晚期版画里出现的日常生活的家具，他以“均衡、简约与文明”形容中国家具。1979年，米歇尔·伯德莱出版了*Chinese Furniture*，以出土于陕西的一座西周青铜禁为起始，记述一直到清末的上下两千余年的各式家用器物，引用相关的绘画作品与出土实物或明器讨论中国家具发展史，对清代家居器用也有所着墨，并特别介绍了晚清时期的家具。英国人克雷格·克鲁纳斯的《英国维多利亚阿伯特博物馆藏中国家具》一书，以馆藏家具为出发点，按家具的特定分类为主线展开，同时也辅以其他主题，如家具的材料和制造工艺等。博物馆中所藏的中国家具，绝大部分都在此书中有所说明和介绍，从而更加丰富了对于明式家具的研究。同时，他认为“材料分类的缺失，特别是硬木家具在早期研究中给人的感觉太过显著，从而从源头上颠覆了任何在中立的‘中国家具’基础上建立一个综合知识库的企图”。他还提到美国的一本期刊在1940年写道：“与此同时中国的工匠在创造华丽的洛可可式家具，他们对现代人所谓的‘实用主义’也相当熟悉，因此许多中国古代家具可以与现代室内装潢和谐地结合在一起。”1990年美国加州成立了中国古典家具博物馆，并开始定期出版关于明式家具的专刊Journal of the Classical Chinese Furniture Society。

（2）国外关于苏州传统座椅的研究现状

目前，国外还未见有专门对苏州家具甚至苏州传统座椅的系统研究，不过在克雷格·克鲁纳斯关于中国家具制造业的论述中阐明：“20世纪西方鉴定家认为距上海不远的内陆城市苏州是‘顶级木工家具的制造中心’。”由此可以反映出国外学者对苏州制作的关注。

综上所述，国内外学者对中国传统家具的研究已形成一定规模，并呈现出逐步深化的趋势。尽管明式家具的研究已取得显著进展，但针对其发源地与主产地——苏州传统家具的系统性研究仍显不足。特别是对苏州传统座椅的全面探讨，目前尚处于较为匮乏的状态，亟待进一步深入挖掘与研究。

1.4 研究范围限定

1.4.1 时间范围

本书研究的时间范围选择在明、清时期。在苏州一带古宅园中很多依原样仿制的家具也不乏精品，对研究传统苏作家具的形制等具有一定的价值，在本书中也会选择作为参考。因此，本书对“明清苏式家具”的定义应该是广义上的一个范畴。

1.4.2 地域范围

明清苏式家具是指明清时期以苏州为中心的苏松地区生产的富于鲜明地方特色的家具，本书虽以苏州地区的家具为主要考察对象，但所引实例并不仅局限于此。显然，“苏式家具”的界定并不只取决于地域，更重要的是它必须具备“地方特色”这一条件。清代后期，苏州地区出现的一些完全“广式化”和“西洋化”的家具品种并不能列入其中。

1.5 研究内容与方法

1.5.1 研究内容

本书以座椅为线索对苏州特定人文社会发展背景下的传统家具进行系统梳理，具体包括由明代中后期至清代这一阶段苏州传统座椅的形制与变迁、构件造型与装饰特点、用材、结构与工艺。

1.5.2 研究方法

（1）文献研究

通过阅读大量传统家具研究文献，了解现阶段国内外的研究动态，力求对该项研究有一个整体的把握，以保证本研究思路与方法上的前瞻性和内容上的创新点，为深入研究奠定基础。通过对社会史、文化史、地方志等文献的阅读，全面了解苏州的经济及人文社会背景。

（2）匠师访谈

主要采访一些实际参加了古家具修复或有独特制作技术的传统匠师，包括木工、雕刻工、油漆工等。通过文字、绘图、录像等方式进行记录，并加以系统整理总结。

（3）比较研究

由于传统家具匠师的文化层次参差不齐，而且普遍不高，所以需要将其口述资料与现存实例和文献记载进行对照研究，以力求其准确无误。

（4）实地考察

对单位或个人所收藏的家具进行实地考察、摄影、绘图记录；在苏州地区生产古典家具的企业进行实习，在此过程中了解苏作家具的相关术语及其工艺，获得一手研究资料；到苏州地区的历史文化名地对遗留的古民居进行实地考察。

（5）分析归纳

对通过上述方法所收集的所有资料进行分析与归纳，从而梳理出一条清晰的脉络，以完成本研究。

2

苏式传统座椅形成的背景因素

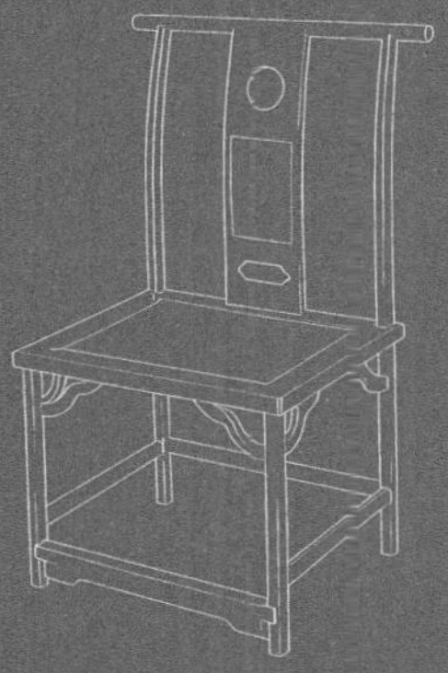

苏式传统座椅的产生，既源于中国传统座椅的历史演进规律，又植根于苏州特有的自然与社会条件。从席地而坐到垂足而坐的起居变革，到佛教东传与胡汉交融的文化激荡，最终在明清时期苏州独特的自然禀赋、社会经济与人文环境共同作用下，催生出以文人审美为导向、工艺与实用并重的苏式座椅体系。

2.1 自然地理环境

2.1.1 优越的地理位置

江苏省苏州市地理位置得天独厚，其中心位于东经119°55′～121°20′、北纬30°47′～32°02′。东邻上海市，南接浙江省，西濒太湖，北依长江，坐落在长江三角洲平原与太湖平原的交汇处。该地区地势平坦，水网密布，土地肥沃，平原的海拔高度3～4m，又有低山丘陵零星散布，形成了独特的地貌特征。苏州北枕长江，东临大海，西抱太湖，有“三江五湖”之形胜；河港交错，湖荡密布，有“水乡泽国”之称誉；同时又有京杭大运河贯穿而过，北达北京，南抵杭州。得益于优越的地理条件和便利的交通网络，苏州自古以来便是重要的商贸重镇，这为其经济繁荣与社会发展提供了坚实的保障。

2.1.2 温润宜人的气候

苏州的自然条件极佳，属北亚热带季风海洋性气候，四季分明，气候温和，雨量充沛。年降水量较为丰富，一般在1000mm以上。平均日照为2000h左右，全年平均温度为15～22℃，白天平均气温约为22℃，夜间平均气温约为15℃。其中冬季的平均气温为4.4℃，夏季平均气温在30℃左右。这种温和的气候条件为苏州的生态环境和经济发展提供了良好的自然基础。

2.1.3 丰富的物质资源

由于自然地理条件优越，气候适宜，苏州物产丰富，是闻名遐迩的“鱼米之乡”“丝绸之府”，而金、银、玉、石、木、竹等原料也毫不稀缺，再加上便捷的交通网络，使苏州成为货宝奇珍所聚之地。丰富的资源为苏州经济及文化艺术的繁荣提供了物质保障，其拥有众多历史遗迹，如虎丘、盘门、灵岩山、平江历史街区、山塘街历史街区等。它还是著名的园林城市，拙政园、留园、网师园、环秀山庄、沧浪亭、狮子林、艺圃、耦园、退思园九个古典园林被联合国列入《世界文化遗产名录》。此外，苏州的非物质文化遗产资源也十分丰富，如苏剧、苏州评弹、苏州清曲、苏绣、苏州玉雕、香山帮传统建筑营造技艺等。

2.2 社会背景

2.2.1 历史沿革

公元前514年，伍子胥受吴王阖闾之命，“相土尝水，象天法地”，以湖港交叉的水网为依托，设计规划了“七堰八门六十坊”的格局，建吴国都城阖闾大城，这一年被视为苏州正式的筑城年代。随后，历代吴王奋发图强，使其一度成为号令诸侯的霸主。然而，霸业如昙花一现，公元前473年，吴为越所灭，吴地悉归越国所有。公元前334年，楚又灭越，吴越之地归入楚国。

公元前221年，秦灭六国，分天下为36郡，在原吴国故都设吴县，并以此作为会稽郡治。公元8年，王莽篡汉，复古改名泰德，仍为会稽郡治所。公元129年东汉永建四年，析会稽郡东北部另置吴郡，疆域大致相当于今天的苏南、上海以及杭嘉湖平原的东北部，吴县为其治所。三国时期，即汉建安元年（公元196年）至公元212年，苏州仍为吴郡治所，称吴县，属孙吴政权，领15县。此后，吴郡建置时有变化，陈后主祯明元年（隋开皇七年，公元587年），析扬州地另置吴州，治吴县，吴郡隶属吴州。吴州、吴郡、吴县三级政权同驻苏州。

隋开皇九年（公元589年），隋灭陈，废吴郡，因城西姑苏山之故，改吴州为苏州，此为苏州得名之始。以后，苏州的建置、名称又屡有更易。至唐代宗大历十三年（公元778年），因人口繁富，苏州成为江南唯一的“雄州”（唐制州分七等，“雄州”为二等），从此，苏州名称被固定作为通称。五代时期（后唐同光二年），苏州属吴越国，改称中吴府。

宋徽宗政和三年（公元1113年），苏州又被敕升为平江府，从此又有“平江”之称。至元十三年（公元1276年），改为平江路，属江淮行省。元末至正十六年（公元1356年），张士诚起义，割据平江，一度改为隆平府，后又接受元朝册封，复改为平江路。

公元1367年9月，徐达大军攻克平江，此后将平江路改为苏州府并一直沿用至清末，但隶属关系与管辖范围时有变动，明代为应天巡抚驻地，清代先后为江宁巡抚署、江南巡抚署、江苏巡抚署、江苏布政使驻地。雍正年间，江苏巡抚，江苏布政使，苏州知府和长、元、吴三县同治苏州，使其成为包括省、府、县三级行政机构的大城市。

2.2.2 经济与人文社会发展

2.2.2.1 原始发祥时期

一万年以前的吴县三山岛的三山文化揭开了苏州历史文化发展的帷幕，其位于市西南50km处，是太湖中的一个小岛，1985年，考古工作者在这里发掘出土的石制品达5263件，并根据这一考古发现判断当时的经济形式为以渔猎为主、采集为辅。接着，太湖地区依次又有新石器时代的马家浜文化（距今6000～7000年）、崧泽文化（距今5000～6000年）、良渚文化（距今4000～5000年）。苏州地区发现的新石器时代文化遗存有草鞋山遗址、张陵山遗址、龙南遗址等。其中在马家浜文化时期，草鞋山的早期居民已经过着定居的生活，并开始进行原始农业生产，原始的手工业也已经出现。采集和渔猎仍是当地居民获取生活资料的重要手段。到崧泽文化时期，农业与手工业生产都有了明显的发展。至良渚文化时期，苏州地区迎来了文明时代的曙光，农业生产得到飞速的发展，手工业已从农业中分离出来，成为独立的生产部门。其陶器、玉器等制作技艺都已经达到了相当高的水平，尤其是在玉器制作方面，已掌握了切割、磨制、抛光、雕镂等工艺。

2.2.2.2 吴文化的形成

夏、商、西周至春秋、战国是中国文化史上的“元典创制期”，文字、青铜器、宫殿、祭坛等的出现使中国跨入了文明的门槛，而吴文化也在这一时期开始形成。

商代末年，“吴太伯、太伯弟仲雍，皆周太王之子，而王季历之兄也。季历贤，而有圣子昌，太王欲立季历以及昌，于是太伯、仲雍二人乃奔荆蛮，文身断发，示不可用，以避季历。季历果立，是为王季，而昌为文王。太伯之奔荆蛮，自号句吴。荆蛮义之，从而归之千余家，立为吴太伯”(《史记·吴太伯世家》)，这便是吴国的起源。

此后，吴太伯因无子嗣便将其君位传给其弟仲雍，至公元前585年，寿梦继承吴国王位。寿梦为了使吴国摆脱“蛮夷”，积极采取措施，朝见周天子，学习诸侯国的礼乐文化。因此其子季札受到了很好的熏陶，精通礼乐文化，“延陵季子，吴之习于礼者也”便是孔子对他的称赞。然而，吴国并没有因此而成为一个礼仪之邦，相反却走向了穷兵黩武。寿梦二年，“吴始伐楚，伐巢，伐徐……”(《左传》)。在苏州历史上，春秋时期的吴国曾经掀起过一个发展高潮。至吴王阖闾继位，为了发展国力，聘贤任能、收揽民心、发展生产、扩建都城。于公元前514年，伍子胥受吴王阖闾之命，“相土尝水，象天法地”，建吴国都城阖闾大城。由于国力增强，在伍子胥及孙武等人的辅佐下，阖闾又采取措施加强军事建设，此后吴国灭楚伐越，一度成为号令诸侯的霸主。阖闾都城成为吴国的政治、军事、经济中心，也形成了富有特色的吴文化。但此后的吴国终被勾践所灭，吴地归入越国。公元前334年，楚灭越，吴地又被并入楚国的版图。楚国的春申君在苏州大建宫室、兴修水利，初步奠定了苏州城市空间的基本格局。

2.2.2.3 秦汉至六朝时期的发展

经过秦汉大一统，中华民族已经成为东亚地区一个具有独特文化风貌的大民族。而由《史记·货殖列传》所言“楚越之地，地广人稀，饭稻羹鱼……是故江淮以南，无冻饿之人，亦无千金之家”可知，当时的江南地区与中原地区相比要落后很多。但是，苏州在此期间仍得到了缓慢的发展。如东汉时期在吴王刘濞的经营下，“吴以诸侯即山铸钱，富埒天子”(《汉书·食货志》)。

东汉末年，由董卓之乱开始，中国又进入了一个分崩离析的时代，政权不断变更。经过长期混战，逐渐形成魏、蜀、吴三国鼎立之势。苏州便成为孙吴政权的根据地，虽然后来徙治，但在他十多年的苦心经营下已然出现了“其野沃，其民练，其财丰，其器利”的局面。如在手工业方面，丝织业逐步发展，并且出现了刺绣，青瓷烧造也已达到了全国领先水平。

在思想方面，秦国实行焚书坑儒，大力推行法家思想，至汉武帝时期开始“罢黜百家，独尊儒术”。两汉之际，佛教传入，信奉之人也越来越多，孙权的母亲便是虔诚的信徒之一，至今依然香火旺盛的苏州报恩寺即孙吴时期建造。

其后虽又经历了西晋的短暂统一，但随即又变为离乱。在这期间，西北和北部的游牧民族匈奴、鲜卑、羯、羌、氐陆续迁至内地，并建立起自己的政权，与中原政权对峙。公元311年永嘉之乱后，晋室政权及士民大规模南迁。这一方面促进了汉族与胡族的融合，另一方面促进了南方尤其是江南地区的开发，揭开了中国文化中心南移的序幕。随着门阀士族的南迁，北方盛行的玄学被带入江南地区，佛教与玄学相融合后也开始深入人心，南方文士大多“释玄兼综，儒玄‘通达’”。在流亡人口的冲击及宗教信仰变化等因素的影响之下，春秋以来吴地所形成的轻悍好斗的民风也开始发生转变，忍让取代了尚武，抗争让位于服从。得利于此，江南农业发生了显著的进步，经济得到快速发展。

2.2.2.4　唐、宋、元时期的繁荣

隋唐科举制度的确立与完善，为广大士子提供了相对公平的竞争环境，激发了士子学习及投身仕途的热情，促进了文学的繁荣。同时，开放宽容、兼收并蓄的胸怀与气度使得儒、道、释三家共弘，胡汉杂糅，东西交汇，从而成就了恢宏的大唐盛世。

隋朝京杭大运河的开通，促进了处于运河河畔的苏州及整个江南地区的经济与社会发展，加强了南北文化的交流。唐中叶，北方在安史之乱之后战火不断、民不聊生，而南方的环境相对安定，致使人口的第二次南迁。苏州人口猛增至10万户，唐末甚至超过了14万户，中国的经济中心已基本移至南方。待到宋室南迁，最终完成了经济与文化重心的南移，江南一跃成为全国政治、经济、文化中心，而苏州又居江南领先地位。白居易在《苏州刺史谢上表》中称：“况当今国

用，多出江南；江南诸州，苏最为大。兵数不少，税额至多。”南宋范成大《吴郡志》中写道：“谚曰：‘天上天堂，地下苏杭。’又曰：‘苏湖熟，天下足。’湖固不逮苏，杭为会府。谚犹先苏后杭，说者疑之。白居易诗曰：‘霅川殊冷僻，茂苑太繁雄。惟有钱塘郡，闲忙正适中。’则在唐时苏之繁雄，固为浙右第一矣。”由此可见，早在唐代，苏州已经是十分繁华的大都市。

唐宋之际，苏州的农业得到了快速发展，从而又进一步推动了手工业的繁荣。宋代，苏州丝织品与刺绣工艺已居中国前列，金银制作业亦成就突出，崇宁元年（公元1102年），苏州置“造作局”，专门制造牙、角、犀、玉、金银、竹藤、裱糊、雕刻等物，每天役使能工巧匠不下数千人，还出现了按行业性质不同而聚居生产的专业坊巷。

农业、手工业的发展及坊市制的废除使得城市日益繁荣、商业日益兴盛，“人稠过扬州，坊闹半长安”以及“吴中铜臭户，七万沸如靡”便是其生动写照。

科举制度在宋朝得到大力提倡并不断完善，教育得到空前发展，文人成为社会的主宰。宋儒更追求内心修养，在整个宋代文化中，便渗透着一种闲散、内在的文人意趣，他们注重雕琢和品位，对雅文化的追求成为一个时代的风尚。他们的文化活动和生活方式，更加追求“闲情逸致”的情调，营构园林亭榭，收藏鉴定古董，吟诗填词、考订金石、听琴弈棋、写字作画。在这种社会风气影响之下，吴地尚武风气转变为“尚礼、敦庞、澄清、隆洽”，民间文化也达到高峰。

至正十三年（公元1353年），张士诚起兵反元，后攻占平江，在此期间采取了一些措施恢复生产和改善人民生活，但最终为朱元璋所破，平江城也因此遭到了严重的破坏。

2.2.2.5 明清时期的鼎盛

明初统治者采取了一系列休养生息的政策，苏州的经济逐步从萧条中得以恢复并发展，至明中后期，商品经济的发展、资本主义萌芽的出现使得“重农抑商”的传统观念开始发生改变，而且工匠有了更多的人身自由，从工从商更为人们所热衷。据《消夏闲记摘抄》载：“西较东为喧闹，居民大半工技，金阊一带，比户贸易……”至清代初期，苏州成为传统工商业水平的最高代表、传统政治型城市蜕变为传统工商业型城市的最佳代表。如图2-1所示，清代宫廷画家徐

图2-1　清·徐扬《姑苏繁华图》(局部)

扬创作的《姑苏繁华图》描绘了当时苏州商贾辐辏、百业兴旺、百货骈阗的市井风情。苏州的行会也便在这种历史条件下产生。据调查，明清时期苏州的工商业行会大约有160多个，而属于手工业的大约有70多个。例如，据苏州工商业碑刻资料记载，康熙年间木器行业就成立了置器公所。明清时期经济的发展，工商业的昌盛使得城镇日趋繁荣。“世间乐土是吴中，中有阊门更擅雄。翠袖三千楼上下，黄金百万水西东。五更市卖何曾绝，四远方言总不同。若使画师描作画，画师应道画难工”，江南第一才子唐寅的诗反映了明中期苏州的繁荣景象。

明清时期，人们对于“利”与“欲”的热衷，削弱了儒家传统道德规范在人们心中的地位及其对人们行为的约束，阳明心学的勃兴更促使人的主体意识的强化。在这种背景下，文化领域继续了宋朝以来的世俗化趋向，小说、戏曲等通俗文学勃兴，尤其“文人画”自元朝确立发展到这一时期也与时代潮流相融合。在苏州，以“吴门四家”（沈周、文徵明、唐寅、仇英）为代表的绘画流派，其作品不仅贴近世俗生活，更能自由地表达画家的主观情感世界。

商品经济与工商业的发展、时人观念的改变与禁令的松弛促使奢靡之风盛行，蔓延到了衣、食、住、行等各个方面。如在宅第建造方面，刚刚从战争中恢复的明初期力行节俭，“庶民庐舍，洪武二十六年定制，不过三间五架，不许用斗栱，饰彩色”。但明中后期开始，大肆营建之风盛行，“江南富翁，一命未沾，辄大为营建，五间七间，九架十架，犹为常耳，曾不以越分为愧”便是其真实写照。尤其在私家园林的建造上更是蔚然成风，据陆容《菽园杂记》记载，大约从正德前后开始“苏城及各县富家，多有亭馆花木之胜……”；清康熙年间沈朝初《忆江南》中云：“苏州好，城里半园亭，”由此可见一斑。在这些园林中有不少由文人所构筑或参与构筑，如唐寅（桃花庵）、文震亨（香草垞）等皆在苏州有园。除营造园林之外，他们甚至还亲自参与家具的设计，并撰写理论方面的论著，从而进一步推动了苏式家具艺术及其他工艺美术水平的提高。此外，刺绣、织锦、玉雕、木刻年画等工艺无不令人叹服。绅富之家，家具什物极尽豪奢，穷工极巧，无一不精。曾游历过苏州的一位法国人称，苏州“耀眼的迷惑人的东西无一或缺。这里是高级趣味的工艺和风靡全国的风尚的策源地。这里一切东西都是可爱的、可惊叹的、优美的、高雅的、难得的美术品……”。

2.3 苏式座椅的产生基础

2.3.1 席地而坐时期

中国传统座椅出现之前，先人们首先经历了坐草叶羽皮、坐席、坐床、坐榻的“席地而坐”时期，并由远古时期一直持续到秦汉之际。

距今两三百万年前的人类懂得了利用天然洞穴生活，他们“食草木之实，鸟兽之肉，饮其血，茹其毛，未有麻丝，衣其羽皮”（《礼记·礼运》）。大约在旧时器时代晚期至中石器时代人们已经掌握了缝纫与编织技术，从而能够“结草成席、缝皮成衣、纳叶集羽成褥”，这种席褥便成为了初期的坐卧家具。待到商周时期，席的种类与编织工艺更加完善与成熟，并且于西周时期形成了“五席”制度，席成为维护统治阶级等级与礼仪的一项重要内容。

床是继席之后出现的坐卧用具，汉刘熙《释名·释床帐》云：“人所坐卧曰床。”最简单的“木床”大约出现于新石器时代中期前后（距今6000年以前），那时的许多房屋遗址中都发现了用于坐卧的“土床”“土台”，人们的坐姿与坐席时相同，仍是“足不下垂，股不离席”。随着青铜工艺及木器加工工艺的改进，至少在春秋时期便出现了华丽的漆木床。目前所见到最早的木床，是1958年在河南信阳长台关出土的一张彩漆木床，这张木床保存完好，通体髹漆彩绘，工艺精湛，使用了穿榫、扣榫、搭边榫、圆榫、穿带及楔钉榫等结构。

大约于战国时期出现了专用坐具——“榻”。《释名·释床帐》云：“长狭而卑曰榻，言其榻然近地也。”榻最初仅供坐用，后演变成可坐可卧，人们在榻上的坐姿与坐床和坐席相同，有跪坐、盘坐以及箕踞等，只是更为讲究。榻常见的形式有独坐、合榻、连榻等，比较尊贵的榻还常设屏，如图2-2所示。榻是床的一种，只是比一般的卧具床矮小，所以人们习惯上总是床榻并称。床榻在秦汉时期得到很大发展，形成了以其为中心的起居生活方式。

2.3.2 座椅的萌芽时期

魏晋南北朝时期（公元220—589年），社会混战分裂、动荡不堪，致使士人转向对个体生命存在及人生价值的思考，从而导致经学式微、名教危机，玄学开

图2-2 山东诸城东汉汉阳太守孙琮画像中的榻
（引自《文物》1981年第10期）

始盛行，士人放纵礼法、脱离传统的约束，从而“使原来保守的礼教社会有了接纳新生活方式的弹性”。佛教东渐以及少数民族入主中原所带来的“胡人”生活方式的影响，使得垂脚坐姿与新型坐具逐渐被采用。当时出现的高型坐具有“筌蹄”“胡床”以及“椅子”。“椅”本作“倚”，取其倚靠之意，这一名称实际上在唐代以后才开始出现。魏晋时期的椅子已随着佛教的传播而到达河洛一带，但仍主要为僧侣所用。如图2-3所示，佛教造像中最早的椅子形象见于十六国时期的敦煌雕塑，其造型与后来中式的座椅差别很大，具有明显的印度风格。佛教壁画中还有一种“绳床”的形象，是供当时僧人静坐禅修时使用的一种扶手椅，其座面与靠背以绳穿连，如图2-4所示。《晋书》卷九十五《佛图澄传》曰：“乃

图2-3 敦煌275窟靠背椅（十六国）

图2-4 敦煌285窟“绳床”

与弟子法首等数人至故泉源上，坐绳床、烧安息香、咒愿数百言。”从其形象来看，绳床或为汉式椅之起源，对汉式椅的形成起到了很大的推动作用。

2.3.3 座椅的发展时期

隋唐时期，椅子的使用不断增多，盛唐时流行于宫廷或贵族家中，至中、晚唐渐及官吏与中阶层人家，并在世俗社会中渐渐普及。绳床的做法在这一时期发生了变化，座面以板制者渐多，也有用竹或蒲草编制的，有消暑之用。在此基础上还演变出了其他的座椅样式，如唐代李济翁《资暇录》曰：“近者绳床皆短其倚衡，曰‘折背样’，言高不及背之半，倚必将仰，脊不遑纵，亦由中贵人创意也。盖防至尊赐坐，虽居私第，不敢傲逸其体，常习恭敬之仪。士人家不穷其意，往往取样而制，不亦乖乎！”这种椅子在宋代绘画中比较常见，如图2–5所示。除此之外，唐至五代时期还出现了圈椅（图2–6）、无扶手的曲搭脑靠背椅（图2–7）、曲搭脑扶手椅（图2–8），以及直搭脑扶手椅（图2–9）等多种样式。由此可见，这一时期的座椅已明显开始汉化，并吸收了传统木结构建筑的造型技巧。

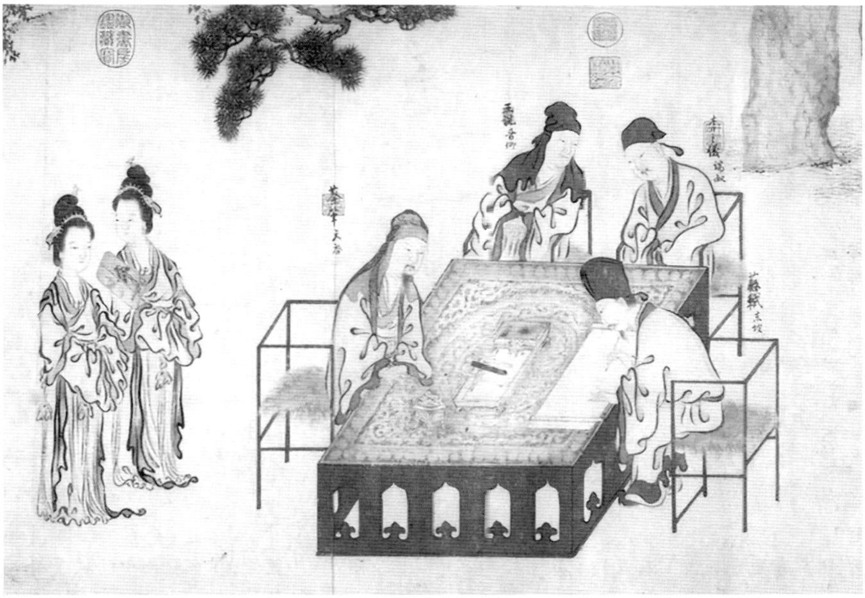

图2–5　宋·佚名《宋人雅集图》（局部）
（台北“故宫博物院”藏）

图2-6　唐·周昉《挥扇仕女图》中的圈椅

图2-7　五代·顾闳中《韩熙载夜宴图》中的靠背椅
（北京故宫博物院藏）

图2-8　日本法隆寺唐代（或五代）扶手椅

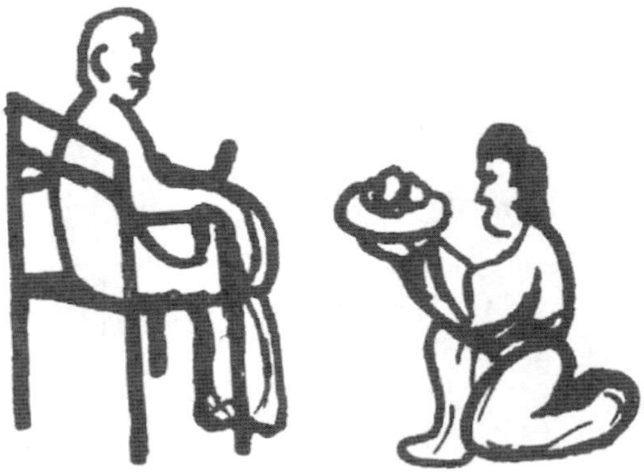

图2-9　敦煌148窟壁画中的扶手椅

经六朝与隋唐五代六七百年的漫长发展，到两宋时期，垂足而坐已经基本替代了席地而坐的起居方式，实现了低型家具向高型家具的转变，以床榻为起居中心的模式被最终打破。座椅的种类在这时已比较齐全，造型结构也已相当成熟。其形制主要有靠背椅、折背样、圈椅、交椅等。这一时期已经形成了与桌案配套的室内布局，如一桌二椅、一桌多椅等形式，如图2-10所示。元代中国座椅在造型上没有大的发展与变化，大体沿用宋代的形制。

图2-10　宋·刘松年《会昌九老图》（局部）

2.3.4　座椅的鼎盛时期

中国传统家具在明代中后期达到鼎盛，座椅也不例外，其品种多样、用材讲究、制作精美，并且科学实用。种类有靠背椅、玫瑰椅、圈椅、交椅、宝座、禅椅、躺椅等，各个种类还有不同的形式，因地域不同又各具特色。其精制家具的产地主要有苏州、广州、徽州、扬州几个地区，而苏州最为重要，以江南文人为主导的苏式家具成为明式家具的典型代表，受到时人的特别追捧。及至雍、乾之际，经济的繁荣促使统治者的靡费奢侈之风日益增长，他们追求精巧新奇，豪华繁缛代替了原来的质朴简练，广式家具便以其豪华富丽、新颖气派受到清宫及官绅的喜爱，从而逐渐取代苏式家具成为时代的主流（图2-11）。苏州的家具在这一时期也受到外来文化及多重因素的影响，从而产生了很多新的家具品种，座椅类家具中有太师椅、屏背椅以及其他各种满雕中西式图案的座椅等。仿竹座椅及根雕座椅也十分流行，如图2-12所示的座椅采用福建榕树根雕刻而成，现陈列于苏州沧浪亭。总之，这一时期涌现了各种各样新奇的样式，在陈列方式上也较前朝出现了较大的变化。清代之前座椅等各类使用器物大多并非固定陈设，而是随时调用的，到清代固定性的陈设逐渐增多。图2-13所示为浙江平湖市清代莫氏庄园大厅的陈设格局，清晚期苏州及其周边一带大厅中的陈设一般为屏门前设天然几、大供桌，桌两侧各一张正位座椅，厅堂左右两边成列摆放数张客位座椅与茶几。

图2-11　清代广式座椅
（北京故宫博物院藏）

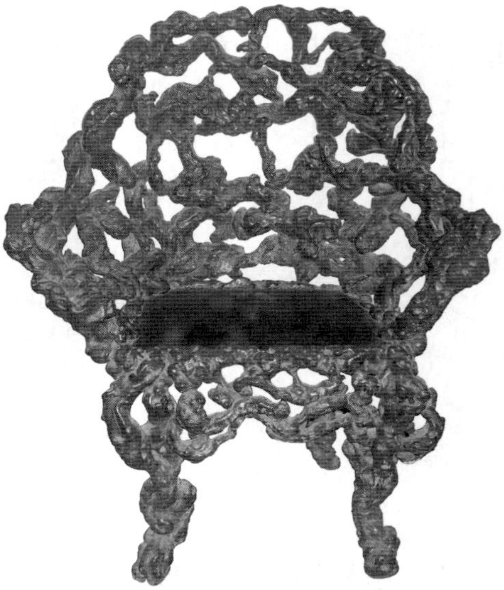

图2-12　清代根雕座椅

图2-13　浙江平湖市清代莫氏庄园大厅的陈设格局

小结

①通过对苏州自然环境的分析可知：苏州优越的地理位置、温润宜人的气候以及丰富的物质资源为其经济及人文社会的发展提供了保障。

②通过对苏州社会背景的分析可知：早在一万年前，苏州文化便已发祥，其后又形成了富有特色的吴文化。经过两次大的人口迁徙，中国的经济与文化中心完成了南移的过程，苏州更加呈现出一派繁荣景象，至明清时期达到了鼎盛，手工业（包括木器行业）在经济、文化等各方面因素的推动下也得到了更大的发展，并且出现了专业行会。

③通过对苏式座椅的产生基础（中国传统座椅发展史）的回顾可知：受佛教东渐、胡族内迁等因素影响，中国由席地而坐逐渐转变为垂足而坐，座椅的形态在此过程中也不断地发展演变。自明中后期中国传统家具发展到了鼎盛期，而苏式家具更是以自己的独特风格登上了时代的高峰，苏式座椅便是其中品种最多、也最富于变化的一类家具。

3

明清苏式传统座椅的品种与形制

“古代传统家具的品种和形制总是随着不同时代生活的需要和社会风情的改变而不断发生变化的……给人感受最强烈的总是各式各样千姿百态的椅子。”文震亨在《长物志》中曰：“椅之制最多……”明清时期苏州地区的传统座椅从材料上分有木椅、竹椅、藤椅、根雕椅等，从风格上分有明式、清式，从形制上分主要有靠背椅和扶手椅两大类，本书主要探讨的是明清时期木椅的形制。

3.1 靠背椅

靠背椅，即只有靠背没有扶手的椅子，整体来说比扶手椅体型小，因此也显得轻便实用。苏式靠背椅因其搭脑与靠背的不同做法一般分为灯挂椅、单背椅、屏背椅和笔梗椅等。

3.1.1 灯挂椅

灯挂椅因其搭脑两端挑出，形制类似于江南民间承托油盏灯的竹制灯挂而得名，在苏州洞庭东、西山一带也有称作挂灯椅的。其别具风格，是一种十分实用且流行甚广的座椅形式。

灯挂椅的形式出现年代较早，从五代顾闳中的《韩熙载夜宴图》中便可见其身影（图2–7）。宋代灯挂椅的形态与后来的明代灯挂椅已经十分相似，只是管脚枨的位置较之要高一些，且使用时用到了脚踏（图3–1）。明代灯挂椅的形制已然十分成熟，在江南地区应用广泛，从一些绘画作品中可见在厅堂、书房及内室中都有使用灯挂椅，单独摆放于桌前或者屏风前，也有成排摆放于厅堂两侧者，灵活多变，使用时常常加搭椅披，秀丽而又不失典雅，如图3–2所示。入清后，因生活习俗的改变以及更多新品种座椅的出现，灯挂椅的使用开始减少。

灯挂椅造型简洁清秀、挺拔向上，非常耐看，而且实用，还有多种变化。其用料有方有圆，也有仿竹制作的；靠背有高有矮；规格有大有小，大的亭亭玉

图3-1　南宋·马和之《宋高宗书女孝经补图卷》(局部)

(a)桌前陈设

(b)厅内陈设

图3-2　明·《清夜钟》插图中的灯挂椅(崇祯刻本)

立，小的稚气可爱。灯挂椅搭脑的形式也十分多变，靠背板多为整板做成S形或C形，也有做成笔梗式的，在苏州一带笔者未见到实例，但从清代改琦的绘画作品中可以看到例证，如图3-3所示。在清末“江南四画家”之一的朱良材作品中还有另一种竹制灯挂椅形象，如图3-4所示。另外，灯挂椅的腿部一般侧脚收分明显，使其具有挺拔、向上之感。图3-5所示为一件榉木高背灯挂椅，简洁流畅的线造型，仅在牙板处施以云纹头装饰，使其看上去秀挺俊逸。图3-6所示为上海博物馆收藏的一件榉木小灯挂椅，来自苏州，它的座面离地高度仅有37cm，是卧室用的一种小椅子，S形背板纹理优美，座面软藤屉，腿部外圆内方，牙条锼成曲线形，显得稚气可爱。图3-7所示为苏州园林中陈设的一张后背开透光灯挂椅，其造型通体圆润流畅，呈现出空灵清透的美感，椅背采用独板设计，与前两例不同的是，其随着后腿的形态自下而上逐渐向后弯曲，上部与下部分别饰以圆形及海棠形开光，中部镶嵌矩形瘿木，边缘以阳线勾勒，强化了整体轮廓的立体感；椅盘下为木条锼成的曲线形角牙，既增强了结构的稳定性，又增添了造型

图3-3　清·改琦《仕女图》（局部）

图3-4　清·朱良材《终南赏午》（局部）

的灵动性。图3–8所示为一例鸡翅木方料浑面灯挂椅，整体端正素雅，搭脑桥梁式，两端微微翘起，三段攒靠背，上面两段落塘镶板，下段做亮脚，与椅盘下的牙条牙头形式统一，这种做法应该晚于独板式，于明末出现。

图3–5　椐木高背灯挂椅
（引自《明清苏式家具》）

图3–6　椐木小灯挂椅

图3–7　后背开透光灯挂椅

图3–8　鸡翅木方料浑面灯挂椅
（引自《明清苏式家具》）

3.1.2 单背椅

单背椅，或称单靠椅，北京匠师又称“一统碑”式，是指搭脑不出头的一种靠背椅，用料亦有圆有方，早期靠背板多为独板式样，至清中后期多为三段式攒框打槽装板，并施以雕刻、镶嵌等装饰，搭脑及椅盘以下部位也出现了更多的样式及修饰。此类椅子在广东一带使用较多，而在苏州地区不及灯挂椅使用广泛。从一些绘画作品中可以看到其陈设与灯挂椅类似，可单独摆放于书房等处的桌前（图3–9），也可成排摆放于厅堂。图3–10所示的单背椅，独板S形背板，桥梁式搭脑，整体光素，不施装饰，天然质朴，侧脚收分，为典型的明式风格。图3–11所示的单背椅，为苏州红木雕刻厂所藏，由老红木制成，搭脑呈高低起伏状，称为驼峰式，靠背板三段攒成，上部已缺失，中部嵌云石，下部装饰吉子，椅盘以下素螳螂肚式券口牙子。图3–12所示的驼峰式搭脑单背椅，背板攒框三段式，落塘镶板，上面两段分别起圆形和方形堆肚，下段开透光炮仗洞，椅盘下用玉璧拉绳作枨子。图3–13所示的驼峰式搭脑单背椅，与图3–11和图3–12同为清中后期的常见样式，其不同之处在于靠背板的装饰与椅盘下的枨子，此椅雕饰寿字纹，采用分心式擢脚钩子桥形枨。图3–14所示为一例椐木方料桥梁式搭脑单背椅，采于苏州陆巷古村。

图3–9　明·仇英《烈女传》（插图）

图3-10　椐木桥梁式搭脑单背椅
（引自《明清苏式家具》）

图3-11　红木驼峰式搭脑单背椅

图3-12　驼峰式搭脑单背椅一
（采于苏州东山）

图3-13　驼峰式搭脑单背椅二

在中华民族数千年的历史发展长河中，竹不仅广泛渗透于人们的日常生活，更是成为文人墨客精神追求的象征，备受青睐与推崇，孕育出内涵丰富、独具特色的中国竹文化。特别是在江南地区，竹资源尤其丰富，明清时期竹文化更加繁荣发展，从园林建筑到日常器物，几乎都能找到竹的身影。这一时期依照竹之形态气韵在木料上雕竹节纹制成的仿竹家具工艺精湛，广为流行。李渔在《闲情偶寄》中便提到：“维扬之木器，姑苏之竹器，可谓甲于古今，冠乎天下矣。”图3-15所示为一例红木仿竹单背椅（仿制品，原作为软屉），此椅的前后腿、搭脑、边抹及踏脚枨皆采用劈料造成，边抹和管脚枨双浑面（江南工匠俗称“芝麻梗”），腿足和搭脑四个浑面，断面呈“◌”形，这种做法都是仿自竹制家具。图3-16所示的《雍正十二美人图》中的斑竹桌即为例证，其腿足就是这种制式。图3-17所示为《雍正十二月行乐图·三月赏桃》中的竹制单背椅形象，其特别之处在于椅盘下使用了霸王枨作为支撑。

图3-14　榀木方料桥梁式搭脑单背椅

图3-15　红木仿竹单背椅

图3-16 《雍正十二美人图》中的斑竹桌

图3-17 《雍正十二月行乐图·三月赏桃》中的竹制单背椅

3.1.3 屏背椅

屏背椅，顾名思义，是一种把后背设计成屏风式样的座椅。依据靠背的不同，常见的有独屏式、三屏式，还有带扶手的与不带扶手的做法。濮安国教授认为其产生可能与宫廷的宝座有关，形式上看着很有气派，是宝座形式的市俗化产物。实际上在中国家具发展的漫长历史中，屏风与坐具早在席地而坐时期便已紧密联系在一起，如图2-2中带屏的榻。出于结构牢固方面的考虑，不设扶手的屏背椅大多会在屏背两侧装有插角，这些插角可拆卸，以便于搬运，称为插角屏背椅。

有学者认为，屏背椅介于扶手椅和靠背椅之间，但因其插角已经基本不具备扶手的功能，在此将其归为靠背椅一类。濮安国教授曾在《明清苏式家具》一书中指出此类座椅出现于清代中后期，但应该是谬误。如图3-18所示，在禹之鼎的画作《抚周舜卿写意》中便已出现了屏背椅的形象，虽然具体作画时间不详，但禹之鼎（1647—1716年）是清代康熙年间著名画家，为江苏江都（今江苏扬州）人，一作江苏兴化人，可见在清早期江南地区便已存在这种独特样式的座椅。那么其产生时间或许更早，只是开始流行的时间可能是在清中后期。屏背椅在苏州园林或古宅中非常多见，至民国时期仍十分流行，常被陈列于各类厅堂之中，两椅一几的搭配使用十分普遍，例如，苏州留园五峰仙馆陈设的独屏式插角屏背椅（图3–19）。

屏背椅的独特之处主要体现在其靠背，它的形式丰富多样，装饰性极强。图3–20所示的榧木屏背椅，椅背直接用圆木攒接成三屏风式，框内人字档，中间凸起作搭脑，落塘镶木板浮雕云纹。椅座下桥梁档，饰吉子花。此座椅的做法更加简练，没有插角，从结构上考虑，牢固度有些不足，但是整体造型富有鲜明的特色。另有靠背处攒框后镶同质木板的，也有镶瘿木板、云石或瓷板等的。如图3–21所示的屏背椅，靠背三屏式，攒框内嵌云石，其石质云雾缭绕、色彩缤纷，似一幅着色山水画。

图3–18　清·禹之鼎《抚周舜卿写意》（局部）

图3-19　苏州留园五峰仙馆陈设的独屏式插角屏背椅

图3-20　椐木屏背椅
（引自《明清苏式家具》）

图3-21　三屏镶云石插角屏背椅
（苏州园林藏）

还有一类非常多见的屏背椅做法，其靠背处的装饰借鉴了园林中的“借景”手法，攒框镶独板，再在其上开光锼圆、方、宝瓶、贝叶、葫芦、蝙蝠等几何形边缘纹样，在锼空处嵌石片。而这些纹样在苏州园林的洞门设计中同样被广泛应用（图3–22），这其中蕴含了丰富的文化内涵和审美情趣：圆寓意团圆美好；方寓意稳固和安全；宝瓶即观音瓶，寓意吉祥平安；贝叶在印度用于书写佛经，象征禅境与智慧；道教传说中，葫芦是仙家之物，象征着神仙境界，寓意福禄双全，还象征着多子多孙；蝙蝠因与“福”字谐音，成为福气的象征，屏背椅中有四只蝙蝠的寓意天官赐福，五只蝙蝠的则寓意五福临门。如图3–23所示的开光镶云石插角屏背椅，其椅面前沿往往做假束腰，两侧及后背椅面下装牙条，此种做法省时省料，结构更加简化；背框起文武线，木质屏板起堆肚落塘镶入背框内，开光嵌云石。图3–24所示的独屏镶云石屏背椅没有插角，屏背中央高起呈桥梁式，虚镶木板，子框内嵌纹理天然的大理石，椅盘下设透雕花牙。

除了上述的样式之外，也有在屏背处雕刻或彩绘各种吉祥图案、名人书画作品等的，还有书画家作铭题刻后用来作为装饰的，备受时人所好，如图3–25和图3–26所示。还有一例比较特别的屏背椅，如图3–27所示，三屏式靠背，中屏攒框镶落塘瘿木板，上部横档做成卷书式搭脑，两侧屏攒成拐子纹样，旁立插角站牙，座面与靠背一样镶瘿木，座身四面平式，椅腿直接与面框相接，回钩直枨嵌云钩吉子，形式与靠背及插角处相呼应。

图3–22　苏州园林中的洞门设计

图3-23　开光镶云石插角屏背椅

图3-24　独屏镶云石屏背椅

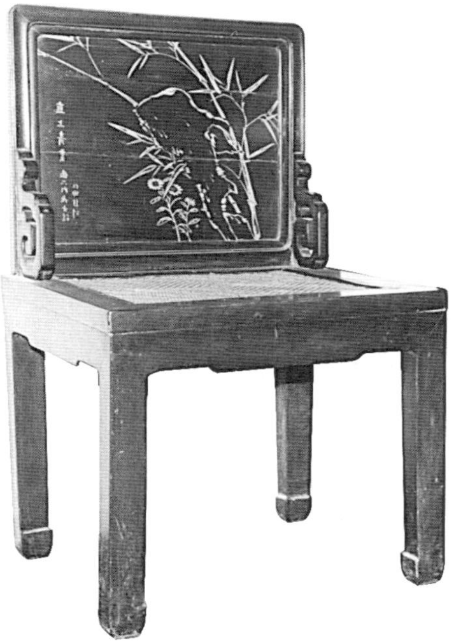

图3-25　单屏式背板彩绘插角屏背椅

图3-26　单屏式插角屏背椅

除了变化无穷的靠背外，插角扶手椅的插角也是形式多样，最常见的是攒接成不同形态的拐子纹，也有透雕灵芝纹等吉祥纹样的，如图3-28所示。

图3-27　三屏式插角屏背椅

图3-28　插角扶手椅的插角

3.1.4　笔梗椅

笔梗椅是搭脑不出头且靠背板处做成数量不等的几根竖圆梗的一种靠背椅，目前所见实例有五根、六根、七根的，苏州民间也称笔杆椅，北京地区也一并纳入“一统碑”式，也有带扶手的笔梗椅款式。据王世襄先生所考，洞庭东、西山一带颇多榍木制清代笔梗椅。如图3-29所示的榍木笔梗椅，靠背处为五根圆梗，微微弯曲，呈S形，是一件质朴敦厚的民间椅具。图3-30中的红木笔梗椅，搭脑桥梁式，靠背处七根圆梗，上端处与椅腿同时向后倾，与图3-29所示的座椅一样，搭脑与后腿烟斗榫连接。

图3-29　椐木笔梗椅
（引自《明清苏式家具》）

图3-30　红木笔梗椅
（苏州园林藏）

3.1.5　其他形制靠背椅

除了上述常见的座椅形制外，清代中后期，尤其是乾隆以后，为适应新的空间陈设需求和审美趣味，创新设计了更多样式独特的靠背椅。如图3-31所示的靠背椅，靠背中间部位三段式攒框，两侧攒拐子纹，这种做法在清代扶手椅中更为常见，靠背椅中并不多见。除此样式外，还有将搭脑做成卷书式的（图3-32）。从一些文人画作中可以观察到，这种拐子纹样在晚清时期的运用非常广泛，它不仅被应用于座椅中，还常出现在桌子、书架乃至建筑中（图3-33），拐子纹的设计形式因攒接工艺的曲折勾转而展现出丰富的变化。图3-34所示为另一种形式新颖的红木仿竹节纹靠背椅，靠背处攒成人字档，搭脑梁形曲折婉转，边抹做芝麻梗，椅盘下设桥梁档加两根矮柱，特别之处在于其管脚枨的做法，并非常规的四根，而是左右两根枨子，然后再由一横枨将其连接，形成工字形。

图3-31　拐子纹靠背椅

图3-32　卷书式搭脑拐子纹靠背椅
（引自《中国红木家具》）

图3-33　清·吴嘉猷《仕女图》（局部）

图3-34　红木仿竹节纹靠背椅
（苏州园林藏）

3.2 扶手椅

扶手椅，顾名思义，即有扶手的椅子，是较具民族传统形式特色的家具品种之一。扶手椅种类多样、形制繁多，在造型上自宋元以来其椅座之下除了局部装饰的变化之外基本保持着相对稳定性，但随着靠背、搭脑及扶手的变化而表现出不同的艺术形态，产生了不同的品类，并反映出不同时代及不同地域的特征风貌。苏式扶手椅在时代的更迭中也表现出了千姿百态的形象。

3.2.1 官帽椅

有人推断，官帽椅是因其像古代官吏所戴的帽子而得名，是明式座椅的经典款式之一。但是官帽椅的搭脑形式多样，有的和官帽并无联系，因此王世襄先生认为两者的联系是从整体形象上的比较，而非某一局部的似与不似，时代久远，称呼的真正起源已无法明确。官帽椅是外来扶手靠背椅逐渐汉化的产物，起源于魏晋时期，在宋代时基本定型。随着人们认识水平、审美观念以及制作技艺的提高，官帽椅得到了进一步发展，明代时已成熟，且因其简洁明了的造型、端庄儒雅的文人气质以及蕴含的丰富哲学内涵而备受青睐。图3-35所示为北宋画家李公麟《孝经图》中的官帽椅，图3-36所示为明代“吴门四家”之一唐寅所绘《仕女图》中的官帽椅，两者在形象上已经十分接近。苏作明式官帽椅是传统家具中形式与功能达到完美统一的代表，具有高雅的艺术品位及良好的陈设功能。它精于用材、装饰考究、结构合理，因此整体体现出自然空灵、高雅脱俗的韵味，同时还蕴藏着深刻的文化内涵，成为现代椅类设计的优秀蓝本。

官帽椅的基本形式有两种，除了上述绘画作品中的四出头官帽椅，还有一种南官帽椅，在江南地区的应用更加普遍。南官帽椅的起源目前没有定论，笔者粗浅认为其有可能与玫瑰椅同源，或者是在出头官帽椅的基础上发展演变而来。两种官帽椅的区别是四出头官帽椅采用搭脑两端与扶手前端均出头的样式，在南方以前也是没有这种称呼的，一般就叫作四出头扶手椅，通常情况下在尺寸上四出头官帽椅要高于南官帽椅；而南官帽椅的搭脑与扶手前端做成软圆角，都不出头，在南方民间一般称为文椅，可能是因为它备受文人的喜爱。如图3-37所示的四出头官帽椅为1966年苏州虎丘出土的万历中期内阁首辅王锡爵夫妇墓中的明

图3-35　北宋·李公麟《孝经图》（局部）

图3-36　明·唐寅《仕女图》（局部）

器，现藏于苏州博物馆。其虽不是硬木制成，但造型古朴圆润、工艺精到，C形独板靠背，扶手和搭脑出头处采用圆润的“鳝鱼头”式，是十分典型的明代苏式四出头官帽椅。另外，明代潘允徵夫妇墓出土的南官帽椅为我们提供了明代万历年间的样本，其搭脑呈弓形，较为特殊的是座面采用竹编，如图3–38所示。这两例扶手椅虽然鹅脖的做法，一个采用后退安装，一个一木连做，但是均不设联帮棍，这种做法也同样出现在圈椅等品种的座椅中，成为苏式扶手椅中的一种重要形式。除此之外，在苏州地区还存在着一些特殊的式样，可以称为两出头官帽椅，这种形式的椅子有的搭脑两端出头而扶手处不出头（图3–39），有的扶手处出头而搭脑两端不出头，明代《三才图会》中称此种式样为“方椅”（图3–40）。

如图3–41所示的明式黄花梨四出头官帽椅现藏于上海博物馆，王世襄先生将其作为明式家具十六品中“柔婉”的代表，整张椅子用料纤巧，简约雅致，仅在独板靠背上端浮雕朵云双螭纹，椅盘下壶门式牙条中间饰卷草纹，曲线与直线完美结合，散发出强烈的韵律感，是一件不可多得的精品。图3–42所示为上海博物馆藏的另一把铁力木四出头官帽椅，其通体光素，隽永耐看，独特之处在于搭脑和扶手都是直的，联帮棍也是下粗上细的直材；腿足一木连做，后腿

图3–37　明·王锡爵夫妇墓四出头官帽椅

图3–38　明·潘允徵夫妇墓南官帽椅
（上海博物馆藏）

图3–39　搭脑两端出头扶手处不出头的官帽椅
（引自《明清苏式家具》）

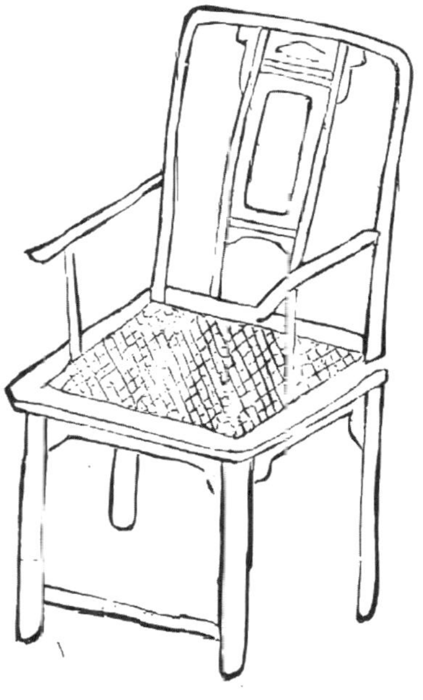

图3–40　明·《三才图会》中的方椅

上部略向后弯曲，而背板呈相反方向的弧度，座面下施桥梁档加矮柱。图3-43所示为藏于苏州园林中的一把红木四出头官帽椅，靠背三段式，上段落塘镶板雕古玉纹样，中段平镶瘿木板，下段落塘挖亮脚，此种做法时间上虽晚于前例（图3-42），但整体形式仍然为标准的苏式四出头官帽椅。

图3-41　明·黄花梨四出头官帽椅

图3-42　明·铁力木四出头官帽椅

图3-43　清·红木四出头官帽椅

随着时代的发展，至清代中后期，扶手椅出现了很多新的变体形式，方料的运用也占了重要的地位，同时装饰明显增多。如图3-44所示的方料四出头官帽椅，其形象明显有别于明式四出头官帽椅，靠背扶手前端刻漩涡纹，靠背板雕铺首衔环，牙板处饰如意纹，四条腿的足端作方回纹，四面管脚枨高度齐平。图3-45所示为苏州陆巷古村的榉木四出头官帽椅，此椅成对，靠背板三段攒成，透雕福禄寿吉祥纹样，雕工一般，搭脑与后腿交接处以及扶手与鹅脖交接处都增设角牙，这也是苏式扶手椅中常用的做法，壶门式牙条中间雕"福"字纹。王世襄先生在《明式家具研究》中提到了洞庭东、西山的雕花榉木家具，而陆巷古村正是位于东山镇，但此椅的制作年代并不确定，暂且收录于此。

苏式南官帽椅与四出头官帽椅呈现出相似的发展轨迹，其演变不仅体现在装饰的日趋繁复和构件表现形式的多样化上，更由此衍生出直背椅等新的家具形制。现选取几个具有代表性的实例进行具体分析，以管窥一二。

如图3-46所示，此椅通体圆材，干净素雅，独板式靠背，搭脑曲线式微向上拱起，鹅脖退后安装，不设联帮棍，与扶手交接处和搭脑与后腿交接处一样采用格角榫，椅盘下和踏脚板下皆设桥梁档，四面管脚枨采用步步高式。图3-47所示的官帽椅，搭脑桥梁式，后背相对较矮，背板上部随后腿向后弯曲，攒框三段式，上段落塘镶板起堆肚，中段以同样的做法镶瘿木板，下段不同于常见的挖亮脚，仍然是镶的平板，椅盘下素券口牙子，前后管脚枨较两侧的矮。图3-48所示为清中期以后出现的特色鲜明的南官帽椅样式，此椅背部较高，靠背板同样三段隔堂，上段虚镶木板，子框内嵌云石，中段框内嵌框，再落塘镶板，下段嵌透雕如意云纹卡子花，椅面前端大边与踏脚均向内凹，称为"马鞍挖弯"，踏脚下的桥梁档同样内凹与之贴合。其椅盘下的枨子也是在这一时期新出现的款式，中间两枝卷草纹向下弯折后再分别向两侧伸展连接于椅腿之上，此椅充分展现了苏作家具在清代的进一步发展与丰富，但仍然不失传统精巧秀雅的本色。图3-49所示为一款白木方料矮背南官帽椅，虽然来自民间，工艺不及前例精巧，但仍然不失苏式家具独有的韵味。

图3-44　清·方料四出头官帽椅
（苏州园林藏）

图3-45　榉木四出头官帽椅

图3-46　桥梁档无联帮棍南官帽椅

图3-47　镶瘿木无联帮棍南官帽椅

图3-48 清·红木高背南官帽椅
（苏州园林藏）

图3-49 白木方料矮背南官帽椅
（引自《明清苏式家具》）

3.2.2 圈椅

圈椅是明式家具中最为经典的一种座椅样式，是靠背与搭脑共同组成半圆形圈状的扶手椅。“圈椅”这一称呼最早出现于清代条文中，明万历《三才图会》中称为“圆椅”（图3-50），在明代也常称为‘太师椅”，明代学者沈德符在《万历野获编》中说：“椅之有栲栳圈者，名太师椅。”圈椅的形态最早应该是滥觞于唐代宫廷中使用的一种椅圈下以若干竖木条支撑的座椅（图2-6），而真正的“圈椅”产生于宋代，如南宋画家刘松年的《会昌九老图》中四位坐的就是圈椅的基本样式（图2-10），其陈设形式为一桌四椅。

“天圆地方”本是中国古代一种天体观，汉代《大戴礼记·曾子天圆》载：“天道曰圆，地道曰方，方曰幽而圆曰明。”这种观念也深刻影响了中国的传统建筑乃至家具等诸多设计领域，圈椅的设计即完美体现了这一理念，圈椅最为突出的特点为其圆形“椅圈”，椅圈之下是“方”的椅座。传统苏式圈椅的腿足常做成外圆内方，是其基本形式，偶有做成方腿者。扶手处有出头与不出头之分，又有安联帮棍或不安联帮棍之别，椅圈一般由三段或五段用楔榫榫接而成，先为方料，最终逐渐打磨修整圆滑。如图3-51所示的黄花梨透雕靠背圈椅，扶手为出头式，有联帮棍，鹅脖后退独立安装，独板靠背，上端开光透雕麒麟火焰纹，底部锼挖卷草纹亮脚，沿边盘阳线，这种整板靠背下挖亮脚的比较少见，一般见于攒框式椅背上。椅座藤面，座屉下三面设壶门券口，并施灯草线，扶手与靠背板、后脚以及鹅脖交接处都装有精美的角牙，管脚枨步步高式。如图3-52所示的老花梨木圈椅，扶手不出头，无联帮棍，鹅脖与前脚一木连做，独板式靠背，椅座藤面，椅盘下为桥梁档加矮柱。

图3-50 明万历《三才图会》中的圆椅

图3-51 明·黄花梨透雕靠背圈椅（上海博物馆藏）

图3-52 老花梨木圈椅（引自《花梨家具图考》）

3.2.3 玫瑰椅

玫瑰椅是苏式扶手椅中另外一种常见的样式。关于玫瑰椅名称的由来，学术界一直众说纷纭，没有定论，目前主要有“鬼子椅说”“美玉说”和“眉公椅说”三种。张志辉在《玫瑰椅小议——兼谈陈继儒与眉公样》一文中阐释了前两种说法的悖谬之处，提出了“玫瑰椅”系“眉公椅”的讹传，并进行了翔实的论证，得到了业界人士的广泛认同。而关于其造型来源，目前比较公认的说法是源于一种“折背样”的椅子形制，这种折背样的形象在宋元时期流行较广，从很多文人的绘画作品中可以觅得踪迹（图2-5）。明代绘画中依然可以看到这种类似的形象，如图3-53所示的《十八学士图》中的折背样，这几把椅子的造型与玫瑰椅极为相似，但它们的靠背与扶手都是齐平的，并且都带有脚踏。

图3-53　明·佚名《十八学士图》中的折背样

关于玫瑰椅的具体造型特征，目前也没有统一的定论，单就折背样来说，除了上述的样式，也还有很多其他不同的形象。如图3-54所示，在宋画中也出现了扶手略低于靠背的折背样，因搭有椅披，无法确定有无靠背板。图3-55所示宋画中的折背样扶手处为出头的样式。图3-56所示的竹藤制玫瑰椅同为明代

《十八学士图》中出现的样式，它的扶手高度低于靠背，还增加了靠背板，且装饰较折背样要丰富，靠背三段式，上下两段的形式与椅盘下部圈口手法一致，中段处开矩形透光。

图3-54　宋·李公麟（传）《高会习琴图》
（台北“故宫博物院”藏）

图3-55　宋·佚名《南唐文会图》中的折背样

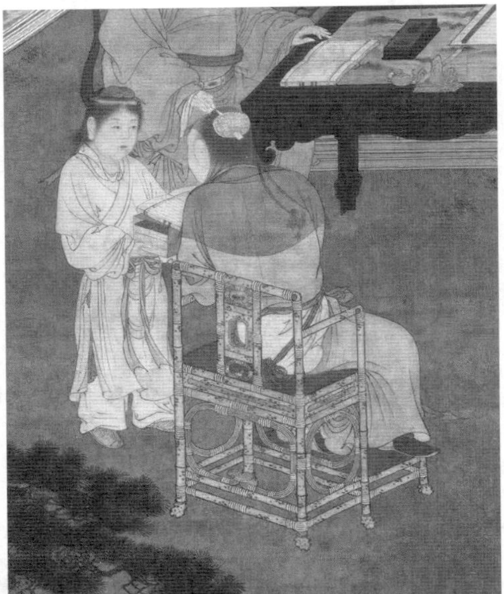

图3-56　明·佚名《十八学士图》中的竹藤制玫瑰椅

玫瑰椅的定义到底如何，在此还是参考王世襄先生给出的基本解释，即指靠背和扶手都比较矮，两者的高度相差不大，且与椅盘垂直的一种椅子。玫瑰椅最基本的式样是：除牙板等部件外多用直线形圆材，偶有例外，常带侧脚收分，用材尺寸较小，且扶手与搭脑处均不出头；靠背处保持开敞，不设背板，扶手下不设联帮棍，在靠背处或者同时在扶手处内部安装券口牙子，下接桥梁档或平直横档，与椅盘间可再立短柱或卡子花。如图3-57所示，此红木玫瑰椅藏于苏州艺圃，靠背和扶手内均装光素的券口牙子，落在下设短柱的直条横档上，其形态素雅、文质彬彬，具有很高的美学价值。图3-58所示为一把清代鸡翅木双座玫瑰椅，它仍然是标准的玫瑰椅形制，其造型典雅清丽、稳健大方，装饰精美而有度，是遗存家具中实属罕见的精品。

图3-57　红木玫瑰椅

图3-58　清·鸡翅木双座玫瑰椅（苏州园林藏）

随着明清盛世家具的繁荣发展，玫瑰椅款式日益丰富，其主要变化体现在靠背与扶手的设计上。有的玫瑰椅在靠背处嵌装了满雕花板，有的则装有靠背板，还有的整个靠背和扶手均采用独板制作。此外，也有将靠背和扶手处均做成笔梗式或冰裂纹样的，其变化之多，令人赞叹。因其靠背较矮，摆放在窗前十分合适，或放置于桌案两侧，或双双并列，摆法灵活多变，明晚期后因其小巧别致，还经常放在小姐的闺房中。

总之，明清时期的苏式玫瑰椅上承宋式，造型轻巧，简约雅致，受到文人雅士及达官贵人的喜爱，因此也成为这一时期极为流行的一种座椅样式。

3.2.4 直背椅

随着清政权的稳固以及经济的蓬勃发展，与其他工艺品一样，家具也在承袭前代艺术成就的基础上逐渐得以发展变化，苏式扶手椅受到众多因素的影响也产生了许多新的品种与形制。直背椅就是清代扶手椅中一种新的典型样式，是一种“通体采用直料圆梗的扶手椅”，在这一时期的绘画作品中也有体现。图3-59所示为著名的《雍亲王题书堂深居图屏·烛下缝衣》，画像中女子所坐的坐具即为直背椅。直背椅外形与玫瑰椅十分相像，与南官帽椅也有着某些联系，有些学者认为它实际就是一种南官帽椅的变体，在此暂将其单独列为一类。

图3-59 清·《雍亲王题书堂深居图屏•烛下缝衣》（局部）

直背椅的靠背与座面垂直，且常常富于变化，相对于南官帽椅，直背椅靠背一般偏矮，通体简洁圆润，具有独特的风韵，在清代中期受到文人的青睐，又称为“书房椅”。如图3-60所示的红木圆梗直背椅是清代中期苏式座椅的代表作，相对于南官帽椅来说，其更加周正，靠背三段式，中段镶板，落塘起堆肚，上下两段炮仗洞开光，起阳线，为苏式家具中常用的一种开光样式，腿足间不是常见的桥梁档，而是同样做直线形的枨子，联帮棍采用上细下粗的圆梗。图3-61所示的红木镶瘿木圆梗直背椅，靠背高度与南官帽椅相当，但垂直于座面，形式较为特别，独板靠背向上凸出呈卷书式，其两侧各有一根细长的圆梗连接搭脑和座面，做工精良，意匠新颖，除此例之外，笔者未见过其他椅子有这种做法。

图3-60　红木圆梗直背椅
（引自《明清苏式家具》）

图3-61　红木镶瘿木圆梗直背椅
（苏州园林藏）

3.2.5　太师椅

家具以官阶命名并且与具体的历史人物相联系的并不多，“太师椅”是一个特例。宋代的太师椅是一种带有茶叶托首的交椅。明代的太师椅指的是圈椅。到了清代，太师椅指的便是一种风格稳重的江南地区广泛使用的扶手椅，是园林和大户人家厅堂中的主流椅式。陈增弼先生在《太师椅考》一文中指出：“太师椅指的是一种‘止取容臀’的屏背式扶手椅。”他还指出太师椅一般有五个特征：椅腿截断面多为方或方形变体；椅盘上面安装屏风式的靠背和扶手；靠背和扶手或雕刻，或镶嵌，精美富丽；椅子靠背都垂直于椅盘；椅盘尺寸比一般椅子要大，但远不及宝座。苏州地区的太师椅与其他地区相比有着鲜明的地方特色，虽也有满雕图案者，但整体来说仍不失苏式座椅的灵秀，透露出一种文雅之气，不似广式那般雄伟、京式那般华丽。太师椅多摆放在厅堂之上，与八仙桌和边几等家具配套成组使用，如苏州留园林泉耆硕之馆为清代江南典型大厅陈设，其布局严谨、规整，如图3–62所示。

图3–62　苏州留园林泉耆硕之馆陈设

总体来说，明清苏式家具整体呈现出由简入繁的发展趋势，但始终保持着一定的克制，太师椅尤其是独座是明清苏式座椅中最繁复华丽的款式。这种独座多雕灵芝纹、云纹、百果纹、绳纹、蝙蝠纹等寓意吉祥纹饰，靠背处一般还会嵌有云石或圆形木板雕刻构件，其尺度硕大，宽度700mm有余，高度1100mm以上。如图3–63所示的雕冲天灵芝纹太师椅，靠背与扶手处满雕灵芝纹，集浮雕、透雕、圆雕工艺于一身，工艺精湛，气度非凡，靠背中间镶圆形云石，似一幅自然的山水画，层峦叠嶂，云气氤氲，将人工美与自然美完美地融合于这一把座椅之中。与明式座椅相比，这种浓华富丽的清式座椅的舒适度大大降低，它重在体现使用者的尊贵与威严。当然，也有相对来说清秀一些的款式，如图3–64和图3–65所示。

另外，在苏州地区还有一种俗称牛角椅的太师椅也十分常见。如图3–66所示，其搭脑两端向下弯曲成一个类似牛角的形态，端头雕云头如意纹，背板三段式，上中两段嵌云石，下段镶透雕如意云纹吉子，背板两侧与扶手做钩子头，座面马鞍式，有束腰，牙板外包腿足，这种做法是清代家具工艺的又一特点，相比格肩榫连接要省工省时。

图3-63 雕冲天灵芝纹太师椅
（苏州园林藏）

图3-64 雕灵芝蝙蝠纹太师椅
（苏州园林藏）

图3-65 雕百果纹太师椅

图3-66 嵌云石牛角式太师椅

3.2.6 拐子纹扶手椅

“拐子纹”又称“拐子龙纹”，南方匠师称为“钩子头”，起源于草龙纹。它的式样变化多端，在这种扶手椅中应用的拐子纹是经高度抽象化之后已经不见龙头龙尾而演变成方角钩或圆角钩的纹饰，寓意富贵不到头、子孙延绵不断，其广泛应用于清代苏式各类家具中。目前此种形制的座椅没有学术界的统一命名，暂以其造型中代表性的纹样形态命名。拐子纹扶手椅应该和拐子纹靠背椅一样是清代中晚期出现的座椅样式，前文提到过清晚期画家吴嘉猷画作中的拐子纹靠背椅，而这种拐子纹扶手椅也同样出现在他的作品中，如图3-67所示。其特点为靠背或扶手处攒成曲折多变的钩子，搭脑处常做成桥梁式，还有卷书式等诸多变化，靠背处多攒成三段式，也有四段式的或满雕花板的，做法灵活多变。另外，这种形制的扶手椅更多采用了方料和直线，明式家具中文雅清秀的格调已经被全新的审美所代替。

图3-67　清·吴嘉猷《仕女图》(局部)

图3-68和图3-69所示是拐子纹扶手椅的基本形式，因拐子纹的曲折勾转不同而各有差异。图3-70所示的楠木拐子纹扶手椅的特别之处在于其椅面以下部分，其腿部的安装呈45°斜角，足端是与拐子纹的端头类似的圆角钩，另外，其不设管脚枨，而是在座面下做了交叉的十字枨，此椅设计标新立异、独具一格。而图3-71所示的座椅呈现出繁复的装饰特征，靠背处雕刻福寿纹及人物故事等世俗化的吉祥纹样，搭脑卷书式，拐子兜接相对稀疏，其间点缀雕刻的插角、吉子，扶手下还增设联帮棍。此座椅采自苏州地区的一处民宅，设计冗余拖沓，具体制作年代尚待考证，但作为特定历史时期工艺技术与审美趣味的物质载体，其独特的形制特征与装饰风格具有一定的类型学意义，故收录于此，聊备一格。图3-72所示为苏州园林中的一对红木拐子纹矮背扶手椅搭配边几的使用场景，此椅靠背相对来说非常低矮，采用了两段式攒框，上段雕四条夔龙纹围绕寿字，寓意四方安宁、福寿延绵，下段挖亮脚，椅盘下饰拐子纹角牙，与靠背及扶手的形态相呼应，有束腰，整体形态稳健方正。

图3-68　楠木拐子纹扶手椅一
（采于苏州）

图3-69　楠木有束腰拐子纹扶手椅
（采于苏州）

图3-70　楠木拐子纹扶手椅二
（苏州园林藏）

图3-71　楠木拐子纹扶手椅三

图3-72　红木拐子纹矮背扶手椅

3.2.7 其他形制扶手椅

除上述经典形制外，古代匠师凭借卓越的创造力，结合实用需求与审美追求，设计并制作了品类繁多的扶手椅样式。在苏式扶手椅体系中，除上述常见的形制外，还发展出与笔梗椅、屏背椅相呼应的笔梗式扶手椅和屏背式扶手椅，如图3–73至图3–77所示。在苏州昆山考察中还发现一例称为小姐椅的特别款式，可能是玫瑰椅的变体，如图3–78所示。此外，古代匠师还根据特定使用场景和功能需求，创造了一系列独具特色的座椅形式：交椅以其可折叠的便携特性，成为文人雅士游历山水时的必备之物；禅椅则以低矮的坐姿设计和简洁的造型，体现了禅宗“空灵寂静”的哲学思想；躺椅则通过可调节的靠背角度，满足了人们休憩放松的需求。这些座椅不仅展现了古人在家具设计上的匠心独运，更折射出中国传统文化的深厚底蕴。

图3–73 红木笔梗式扶手椅
（苏州园林藏）

图3–74 六边形笔梗式扶手椅
（仿制）

图3-75　三屏式灵芝纹扶手屏背椅
（采于苏州）

图3-76　卷书式搭脑屏背扶手椅
（采于苏州）

图3-77　三屏式屏背扶手椅
（采于苏州）

图3-78　六角扇形小姐椅
（采于苏州昆山）

文学与绘画作品中所描绘的座椅形象为我们提供了重要的参考依据，它们进一步印证了苏式座椅设计在形制上的千变万化与丰富多样性。例如，图3-79所示为清代李渔在《闲情偶寄》中描绘的暖椅，其设计极具巧思与创造力，它不仅可坐可卧，兼具取暖功能，还可衍生出多种其他用途，堪称一件实用性极强的多功能家具。李渔在文中描述道“如太师椅而稍宽……如睡翁椅而稍直”“只此一物，御尽奇寒”“是椅也而又可以代炉……是椅也而又可代熏笼”，充分展现了其独特之处。李渔虽长期居南京，但其活动范围涵盖江南文化圈核心区，他记载的家具设计理念，本质上反映的是明清时期江南文人阶层的共同审美趣味。此外，图3-80所示的清代苏州版画《莲塘行乐图》中，长座椅的形制同样别出心裁，体现了苏式座椅在造型上的持续创新与艺术性。

图3-79　清·李渔《闲情偶寄》中的暖椅

图3-80　清·苏州版画《莲塘行乐图》

小结

本章将明清苏式传统座椅分为靠背椅与扶手椅两大类，通过对其梳理可知：

①靠背椅的主要品种有灯挂椅、单背椅、笔梗椅和屏背椅等。其中灯挂椅出现年代较早，明代时在苏州地区应用非常广泛，具有非常好的陈设功能；单背椅应用不及灯挂椅广泛，但同样具有多种造型样式；笔梗椅也是一种比较多见的苏式座椅品种，主要特点是其靠背处做成数量不等的几根竖杆；屏背椅是清代早期产生的一种靠背椅样式，独特之处在于其靠背做成屏风式，且有多种多样的形式，还常在屏背两侧装有插角。

②扶手椅的主要品种有官帽椅、圈椅、玫瑰椅、直背椅、太师椅、拐子纹扶手椅等，其中官帽椅、圈椅及玫瑰椅都是明式座椅的典型代表，而直背椅、太师椅及拐子纹扶手椅是清代中后期广泛使用的座椅样式。官帽椅分为南官帽椅和四出头官帽椅，同时在苏州地区还有一些特殊式样的官帽椅；圈椅在明代又称为“太师椅”，突出的特点在于其椅圈，苏式圈椅又有出头、不出头之分，有联帮棍、无联帮棍之别；玫瑰椅是苏式官帽椅的另一种常见式样，来源于“折背样”，摆法灵活多变；直背椅是在清代中期受到文人青睐的一种座椅式样，又称“书房椅”；太师椅是清代在江南地区广泛使用的一种椅式，苏式太师椅灵秀、文雅，有着鲜明的地方特色；钩子头式扶手椅出现于清代中后期，特点在于其靠背与扶手处攒成钩子形式。另外，明清时期在苏州地区还出现了很多其他的扶手椅品种。

③通过对各种形制明清苏式传统座椅的举例分析可知：传统苏式座椅整体来说具有鲜明的地方特色，格调大方，呈现出一种精巧雅致之

态，但不同时期又表现出不同的特点。明至清前期，苏式座椅以简洁、实用为主，线条流畅，造型端庄，格调高雅，注重木材本身的纹理和质感，装饰手法相对朴素，采用雕刻、镶嵌等工艺，但相当克制，整体风格保持内敛。18世纪以后，江南地区常常固守传统思想，仍然继承着明式的品种和形制。但随着社会经济的繁荣和审美观念的变化，以及清式家具的兴起，苏式座椅也吸收了其造型风格，在装饰上更加丰富，雕刻更加繁复华丽，镶嵌工艺也更加多样化，整体风格趋向富丽堂皇。与此同时，产生了许多别具一格的新品种、新形制，呈现出新的精神风貌，而一些传统样式的座椅也产生了新的形式与特点。然而，苏式座椅始终保持着精巧雅致、典雅秀丽的江南特色，注重比例协调和细节处理，形成了独特的艺术风格。

4

明清苏式传统座椅的主要构件种类与特征

明至清前期的苏式座椅以简洁流畅的线条变化为核心，造型质朴，装饰简约，避免了繁复的雕琢与堆砌。清代苏式座椅的发展呈现出多样化的趋势，一是依明式家具的规矩在造型、装饰上全无差异；二是大体保留明式结构造型，而在部分装饰上有所改变；三是在造型、装饰等方面面目全非，变化显著。下面结合具体实例，对苏式座椅各主要构件的造型及装饰特征进行深入分析。

4.1 构件名称

明清苏式座椅的主要构件有搭脑、椅背、腿足、座面、扶手、牙板等。图4-1所示为一款南官帽椅的构件示意图。

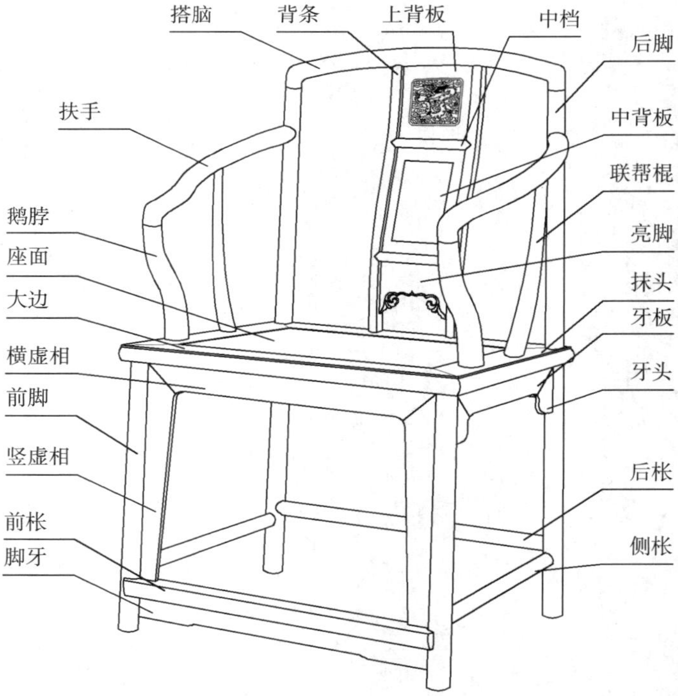

图4-1 南官帽椅构件

以下为部分构件名词解释：

大边 —— 以攒边做法做成的方形或长方形边框中，出榫的两根为大边。

抹头 —— 以攒边做法做成的方形或长方形边框中，凿眼的两根为抹头。

边抹 —— 大边与抹头的合称。

搭脑 —— 椅背最上端的一根横木，人们休息时可将头搭靠在上面。

牙板 —— 长而直的牙子，一般指面框下设置连接两腿之间的部件，设在其他部位的一般改称牙条。

虚相 —— 又称券口牙子，指构成券口的三根板条，尤指安在椅盘以下者。虚相分为横虚相和竖虚相。

联帮棍 —— 扶手椅扶手之下，鹅脖与后腿之间的一根立材，它下植在椅盘上，上与扶手联结。

亮脚 —— 椅子背板底部的一种透空件。

鹅脖 —— 椅子扶手下靠前的一根立木，往往与前足一木连做，少数为另木安装。

4.2 搭脑的种类与特征

搭脑主要分为出头、不出头、圈形几大类，还有一些清式座椅的异形形式。就其正面造型来看，最常见的样式有一字式、纱帽翅式、桥梁式、驼峰式、圆弧形等，造型十分多变，几乎不施装饰。

4.2.1 一字式搭脑

一字式搭脑如表4-1所示，其在出头式与不出头式搭脑中都有应用，截面有方、圆、扁方等诸多变化。

一字式不出头圆搭脑的特点在于做成仿竹节式，十分精巧。一字式圆搭脑在南官帽椅中常向后呈弯曲状，弯度大小不一，若中间变化为直径稍大的扁圆，逐渐向两端变为与后腿顶部直径相同的圆形后烟斗榫接合，民间匠师称为“挖油盏头”（一字式不出头弯曲圆搭脑），由于从正面看还是呈平直形态，因此统一归类为“一字式搭脑”。若为出头式搭脑，则其形式更加自由多变。除通体圆形和方形（一字式出头圆搭脑和一字式出头方搭脑）外，有的中部宽阔、略向上隆起或向下凸出与背板连接，两端截面或圆或方（一字式出头下凸圆搭脑或一字式出头下凸方搭脑），还有的两端逐渐变细变圆，端头处圆顺光溜，俗称“鳝鱼头”式（一字式出头弯曲圆搭脑），其中部呈“”形，向两端变成圆形并向外弯曲。除上述常见的样式外，还有一些特别的一字式搭脑，如一字式出头中间拱起圆搭脑，虽为直搭脑，但是一木而刻出三段相接的形态，中间段向上方折拱起。

表4-1　一字式搭脑

种类	图例
一字式不出头圆搭脑	
一字式不出头弯曲圆搭脑	 
一字式出头圆搭脑	
一字式出头方搭脑	
一字式出头下凸圆搭脑	
一字式出头下凸方搭脑	
一字式出头弯曲圆搭脑	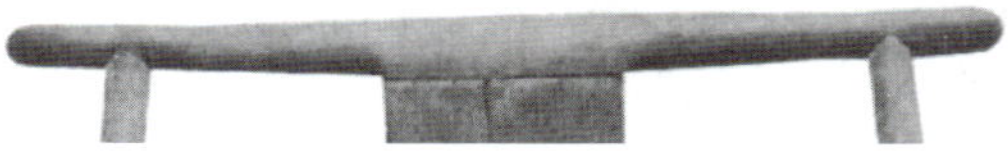 
一字式出头中间拱起圆搭脑	

4.2.2 纱帽翅式搭脑

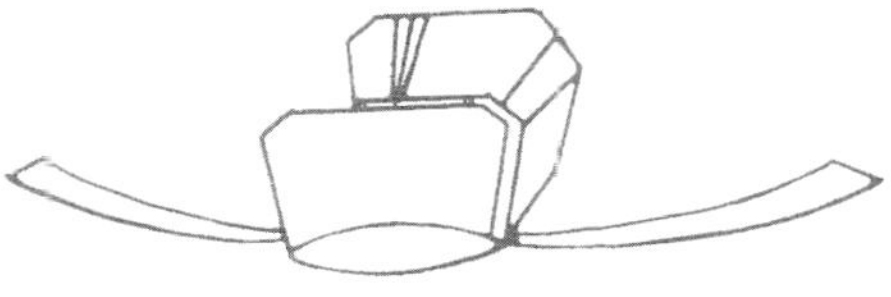

图4-2 古代官吏所戴的官帽（《三才图会》）

"官帽椅"这一名称的由来与古代官吏所戴的官帽（图4-2）存在密切关联，学界对此主要有两种观点。一种观点认为，从侧面观察，官帽椅的扶手造型酷似官帽前部，而椅背则与官帽后部形态相仿；另一种观点则强调，椅子搭脑两端出头的设计，与官帽的展脚（俗称"纱帽翅"）在造型上如出一辙，因而得名。尽管目前学术界尚未就此达成统一结论，但在现存的四出头官帽椅中，确实存在大量搭脑设计与古代官帽造型高度相似的实例，本书统一将有类似官帽特征的搭脑归类为"纱帽翅式"。

如图4-3（a）所示，该搭脑呈现典型的四出头官帽椅搭脑特征：其中部采用扁平宽阔的设计，并略向后凸出，下端通过挖弯工艺与椅背自然衔接，两端造型圆润流畅，向后弯曲，整体造型端庄典雅。图4-3（b）展示了另一种常见样式，其显著特征在于搭脑两端采用柱形设计，与图4-3（a）所示的浑圆造型不同，且略微向上翘起，展现出柔美婉约的造型特点。值得注意的是，纱帽翅式搭脑在实际应用中展现出丰富的造型变化。如图4-3（c）和图4-3（d）所示，其变化主要体现在中间枕部的形态处理以及两端曲率的微妙差异上。此外，类似的造型特征也见于南官帽椅中，其搭脑两端下扣，与后腿通过烟斗榫精巧接合，如图4-4所示。

（a）

（b）

（c）

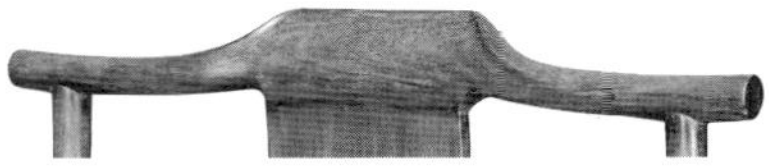

（d）

图4-3 纱帽翅式出头搭脑

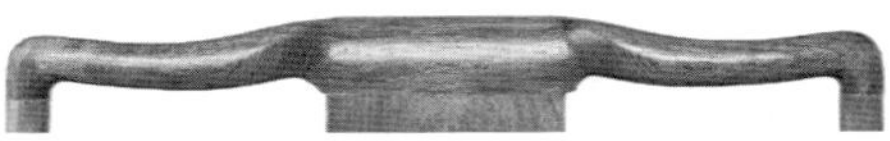

（a）

（b）

图4-4 纱帽翅式不出头搭脑

纱帽翅式搭脑不仅具有独特的视觉效果，其中间宽阔的枕形设计还符合人体工程学原理，为使用者提供了良好的头部支撑，体现了苏作家具设计中形式与功能的完美统一。

4.2.3 桥梁式搭脑

桥梁式搭脑因其形似拱桥而得名，以中间隆起为显著特征，同样有方有圆，这种搭脑样式在笔梗椅、单背椅及拐子纹扶手椅等座椅类型中应用广泛。从发展历程来看，桥梁式搭脑的出现相对较晚，但在明式座椅中常在椅盘下做这种桥梁式的枨子，这也体现了中国传统家具设计中造型元素的传承与创新。

桥梁式搭脑如表4–2所示。其中，图（a）、（b）、（c）均为桥梁式不出头圆搭脑，两端下扣，与腿部烟斗榫连接，但其各自又有着不同的特点：图（a）是笔梗椅的搭脑，通体圆润，并随着靠背的弯势向后倾斜；图（b）为玫瑰椅的搭脑，比较特殊的是其中部拱起的部位较长，在两个端头下垂，在此一并归为桥梁式；图（c）搭脑的特点在于其折弯处的弧度较大、坡势较缓，因此又另有一番风韵。桥梁式不出头方搭脑两端与腿部呈45°格角连接，为清式座椅的一种常见搭脑样式。而桥梁式出头圆搭脑、方搭脑一圆一方，中部皆做桥梁式，两端出头略向上翘起。

表4–2 桥梁式搭脑

种类	图例
桥梁式不出头圆搭脑	 （a）
	 （b）
	 （c）

续表

种类	图例
桥梁式不出头方搭脑	
桥梁式出头圆搭脑	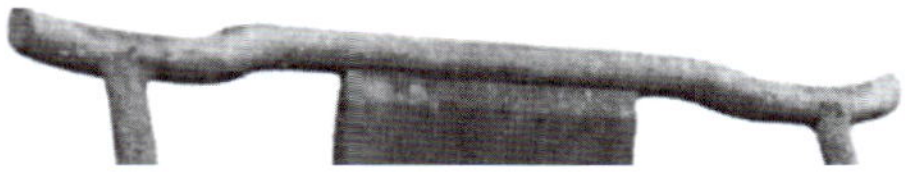
桥梁式出头方搭脑	

4.2.4 驼峰式搭脑

驼峰式搭脑俗称“骆驼背式”，因其形似骆驼背部而得名。驼峰式搭脑采用三曲式设计，中间呈现双峰凸起，是清代早中期出现的一种搭脑样式，主要用于不出头的搭脑结构中。如图4–5所示，两种驼峰式搭脑均采用不出头设计，搭脑两端自然下转与椅腿烟斗榫相接。然而，两者在造型细节上存在显著差异：图4–5（a）所示的搭脑驼峰较为平缓，起伏较小；图4–5（b）所示的搭脑则呈现出更为夸张的造型特征，双峰高耸，但两峰之间的过渡却十分平缓，且整体造型顺应椅腿走势略向后倾，展现出独特的力学美感与艺术张力。

（a）　　（b）

图4–5　驼峰式不出头搭脑

4.2.5 卷书式搭脑

卷书式搭脑呈现出独特的设计风格，在现存明清苏式座椅实例中其做法主要有三种：第一种主要应用于屏背椅、拐子纹扶手椅等座椅形制中，其特点在于没有独立的搭脑构件，而是由靠背自然延伸并向后弯曲形成书卷状造型，其做法各异，如图4-6所示；第二种则是独立的卷书式搭脑构件，此种做法在现存的座椅实例中并不常见，如图4-7所示，此搭脑安装于屏背椅的椅屏上端，呈涡卷状，装饰性更强；第三种则是靠背板的上端延伸至平直搭脑以上出头并向后形成书卷状，如图4-8所示，此搭脑的设计既保留了传统搭脑的结构特征，背板向后形成的优雅书卷造型又增添了文人雅趣。卷书式搭脑兼具实用性与艺术性，充分体现了明清时期苏式家具的审美追求与工艺特色。

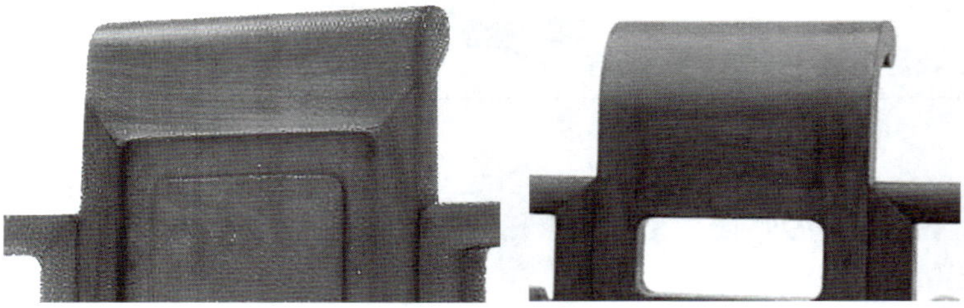

图4-6　卷书式搭脑做法一

图4-7　卷书式搭脑做法二

图4-8　卷书式搭脑做法三

4.2.6　弓形搭脑

弓形搭脑因其形态酷似拉满的弓弦而得名，其中部显著向上隆起，弯曲弧度较其他类型的搭脑更为夸张。这种极具张力的搭脑造型设计在传世的明清座椅中并不十分多见，有出头式与不出头式两种，如图4-9所示。尽管这种搭脑的夸张造型在一定程度上突破了传统苏作家具的惜料如金的实用主义设计原则，其独特的艺术表现力却也极具辨识度，展现了工匠们对形式美的大胆追求与创新精神。

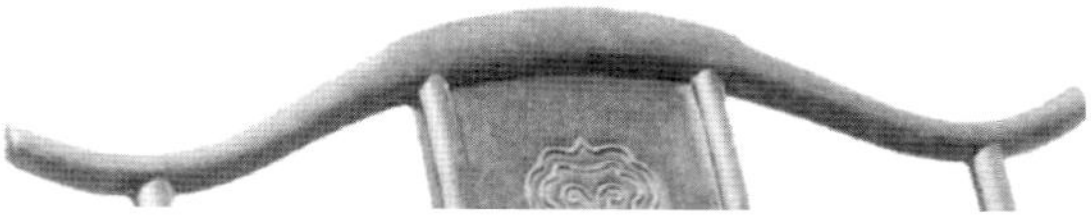

(a)弓形出头搭脑

(b)弓形不出头搭脑

图4-9 弓形搭脑

4.2.7 圆弧形搭脑

不出头的官帽椅还经常采用独特的圆弧形搭脑设计，通常呈现向下弯曲的弧度（图4-10），或同时兼具向下与向后两个维度的复合曲线（图4-11）。尤其是图4-11中的圆弧形搭脑设计尤为精妙，其弯曲弧度显著，自两端向中间渐次加粗，形成一道婉转而含蓄的流畅曲线，充满张力与弹性，赋予了家具动态的生命力。从工艺角度来看，这种多维度弯曲的搭脑对木材的选料和匠人的制作技艺都提出了更高要求。除此之外，圈椅的搭脑也是典型的圆弧形，它与扶手一体成型，构成流畅的马蹄形曲线。

图4-10 圆弧形搭脑一

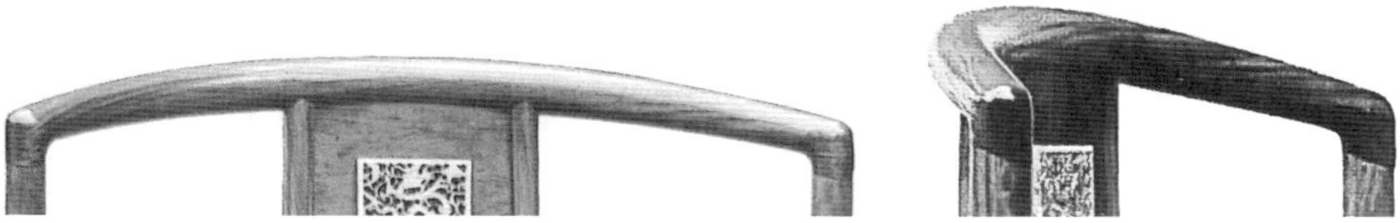

图4-11 圆弧形搭脑二
（引自《明式家具珍赏》）

4.2.8 其他形式搭脑

明清时期苏式座椅的搭脑设计呈现出极高的艺术造诣与丰富的形态变化，除前文所述的基本形式外，还发展出诸多独具特色的造型样式。至清代中后期，随着工艺技术的精进与审美趣味的变迁，苏式座椅的搭脑设计更是推陈出新，涌现出一批极具创意的样式：在独座设计中，匠师们常采用卷云纹状搭脑，其造型既舒展自然又暗含吉祥如意的美好寓意；而在牛角式太师椅中，搭脑被设计成牛角状，既彰显了使用者的尊贵地位，又体现了匠人对自然形态的巧妙借鉴。这些多样化的搭脑设计不仅丰富了苏式座椅的艺术表现形式，更为中国传统家具的发展注入了新的活力，成为明清家具艺术宝库中的重要组成部分。

4.3 椅背的种类与特征

明清苏式座椅的椅背设计堪称整件家具的艺术精髓。作为视觉焦点，椅背不仅是匠师展现精湛技艺的核心载体，更是文人雅士寄托审美理想的重要媒介。明式苏作座椅的椅背设计主要分为独板式和攒框式等类型，其造型简洁大方，线条流畅，充分体现了匠人对人体工程学原理的深刻理解，以确保使用者的舒适度。尽管椅背部分没有过多的装饰，但作为座椅的主要视觉焦点，其选材与设计经过精心构思。相比之下，清式座椅的椅背设计则呈现出更为丰富的变化，装饰性元素显著增加。特别是屏背椅、清式太师椅等新型座椅的出现，为匠师们提供了更为广阔的创作空间，使其能够在椅背设计上充分发挥艺术才华与工艺技巧。

4.3.1 独板式椅背

作为苏作座椅的经典设计范式，独板式椅背在灯挂椅、官帽椅、圈椅等各类座椅中得到了广泛应用与传承。独板式椅背深刻诠释了“以人为本”的设计理念，不仅注重形式美感，更强调实用功能与人体舒适度的完美统一。其造型主要呈现S形、C形、垂直形三种基本形态，各具特色。其中，S形曲线完美契合人体脊柱的自然弧度，C形设计则提供了适度的腰部支撑，而垂直形则展现出简洁大气的视觉效果。在装饰方面，独板式椅背经常采用完全素面的处理方式，通过精选纹理优美的硬木材料，如黄花梨、紫檀等，以其自然纹理取胜，这种“大巧若拙”的设计理念体现了道家“道法自然”的哲学思想。另外，追求精致装饰者，则常常在背板上部施以适度点缀，最常见的手法是浮雕如意云头、螭龙纹、麒麟纹等吉祥图案，也有的运用透雕或者镂空工艺营造虚实相生的视觉效果，还偶有运用镶嵌玉石、瓷片等工艺增添或华丽或自然的质感。除了背板上部的装饰，也有在下部镂挖亮脚的。这些装饰手法的运用，既保持了整体造型的简洁大方，又通过局部点缀增添了艺术趣味，充分展现了苏作明式家具“简而不陋，精而不繁”的设计精髓。

图4–12所示是几款素板椅背，其中图4–12（c）所示的椅背还巧妙地运用背板与搭脑交接处的挂牙增加装饰美感，挂牙与背板实为一体。如图4–13（a）所示的黄花梨独板椅背造型秀丽挺拔，浮雕云朵双螭作为点睛之笔，纹样构图匠心独运：双螭尾部优雅相接，形成完美的对称结构，头部则呈两两对望之势，营造出灵动和谐的视觉效果，云纹与螭纹通过流畅的线条自然融合，雕工技艺精湛，将传统吉祥图案的意蕴表现得淋漓尽致。图4–13（b）所示的榉木独板椅背，中上部长方形开光，框内雕博古纹样，纹饰古朴典雅，彰显文人雅趣，下部镂挖亮脚，边部起阳线，虚实相生，别有韵味。图4–13（c）所示的黄花梨独板椅背的设计展现出更为精湛的装饰艺术：上部采用经典的壶门形开光，其内透雕麒麟纹样，瑞兽张吻吐舌，神态威猛而不失灵动，周身火焰纹饰飞动流转，象征着驱邪纳福的祥瑞之意；两侧配以透雕卷草纹挂牙，纹样婉转流畅，与主体图案相得益彰，既增强了装饰的层次感，又保持了视觉的统一性；下部巧妙镂出卷草状亮脚，其曲线与上部纹饰遥相呼应，形成完美的视觉闭环。值得一提的是，“江南

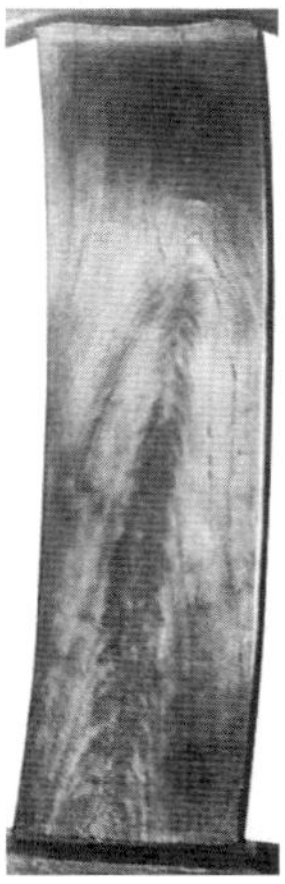
（a）C形素板椅背

（b）S形素板椅背

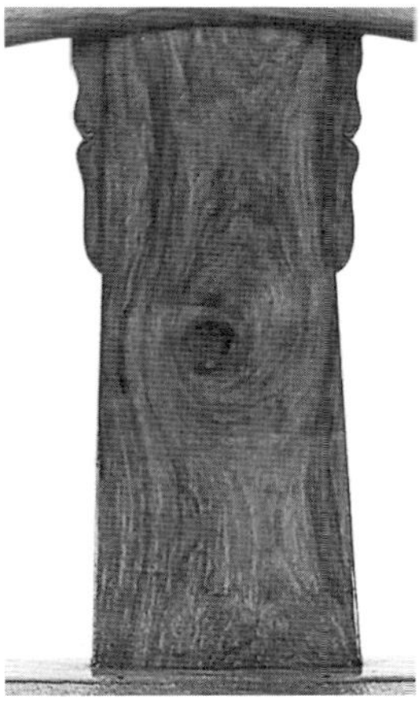
（c）两侧挂牙素板椅背
（引自《明式家具二十年经眼录》）

图4–12　素板椅背

四大才子”之一文徵明的弟子周公瑕的一把紫檀木扶手椅靠背上刻有一首五言绝句：“无事此静坐，一日如两日。若活七十年，便是百四十”，如图4–13（d）所示。这一独特的设计不仅展现了苏式座椅装饰手法的多样性，更深层次地揭示了吴地文人将精神追求融入日常生活的审美取向。诗句所表达的闲适意境与文人雅趣，通过家具这一物质载体得以永恒传承，生动诠释了文人“器以载道”的生活哲学。这种将文学意境与家具设计完美融合的创作手法，既体现了文人雅士对精神境界的追求，也反映了苏式家具作为文化载体的独特价值。另一独具匠心的独板式背板设计如图4–13（e）所示，其装饰手法别出心裁：靠背板上镶嵌青花瓷板，纹饰构图精妙，上方饰以腾龙，下方配以翔凤，形成“龙凤呈祥”的吉祥寓

（a）黄花梨独板椅背一
（上海博物馆藏）

（b）椐木独板椅背
（引自《明清家具装饰艺术》）

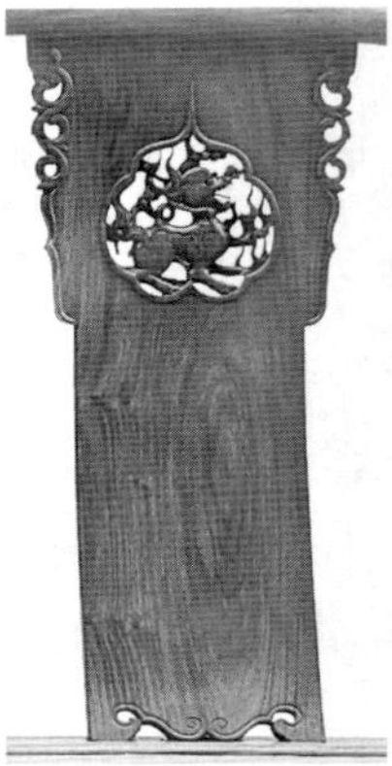

（c）黄花梨独板椅背二
（上海博物馆藏）

（d）周公瑕紫檀木扶手椅靠背铭文
（引自《明清家具装饰艺术》）

（e）黄花梨嵌瓷板独板椅背
（观复博物馆藏）

图4–13　独板式椅背

意；瓷板造型上圆下方，既暗合天圆地方的宇宙观，又体现了中国传统造物象天法地的哲学思想。

4.3.2 攒框式椅背

攒框式椅背在清代座椅中的运用更加广泛，造型设计上同样呈现出S形、C形及垂直于座面三种基本形式，其结构大多采用三段式设计，也可见一段式、两段式与四段式。上部两段常镶嵌板材，或匠心独运地嵌以瘿木、文石等珍贵材料，其中上段多施以浮雕、透雕等工艺，装饰以各类吉祥纹样，展现出丰富的装饰意匠。最下端则多采用各式亮脚，也有透空装吉子的，营造出空灵雅致的视觉效果。这种上、中、下三段既独立又统一的设计，不仅实现了功能与美学的完美结合，更体现了苏式家具“虚实相生、疏密有致”的造型美学。

如图4–14（a）所示的椅背，三段式落塘镶板，上段如意形开光内饰铲地浮雕子母龙，中段平镶纹理美观的木板，其天然木纹宛若起伏的山峦，下段镶落塘卷草纹壶门亮脚。图4–14（b）至图4–14（d）所示的椅背均采用攒框装板工艺，或三段式或四段式，下段采用最常见的做法镂亮脚透空，上部各段则根据整体构图需要施以不同程度的透雕或浮雕装饰，纹样或繁或简，层次分明。图4–14（e）所示的椅背在中段还运用云石镶嵌工艺，将天然石材的纹理之美与木材相互映衬、相得益彰。图4–14（f）中的椅背较为特别的是在上段用瘿木落塘作地，镶嵌雕琢精美的龙纹玉片，中段平镶黄花梨板，下段镶落塘卷草纹亮脚，一件背板却通过瘿木、玉石、黄花梨等多种珍贵材料的巧妙组合，展现了家具装饰的层次美感。除上述实例外，还有一些特别的做法。例如图4–14（g）所示南官帽椅的椅背较为罕见，攒框做藤面，再施压条，与此座椅的座面处做法相同，对于南方炎热潮湿的气候来说十分舒适实用。而图4–14（h）所示为一款清代座椅的椅背，攒框四段式，每段开光为均饰以精美的浮雕图案：上部雕琢瑞兽纹样，寓意镇宅辟邪；次段刻画人物故事，展现世俗生活；第三段装饰花鸟图案，寄托自然意趣；下段点缀蝙蝠纹样，象征福运绵延。这种多元化的装饰主题，既保留了传统吉祥文化的精髓，又融入了更多世俗生活元素，生动反映了清代中后期家具装饰艺术由文人雅趣向世俗审美的转变。这种转变不仅体现在装饰题材的多样化上，更深刻地反映了当时社会文化的变迁与市民阶层的审美需求，为研究清代家具艺术风格演变提供了重要实证。此外，图4–14（i）中的背板也是清代中后期的一种做法，上段木板为虚镶，内有子框嵌云石，中段做法更为特别，框内套框，内层落塘镶板，下段嵌透雕如意云纹卡子花，做法稍显烦琐，却也通过结构创新与装饰手法的突破展现了清代家具工艺的发展与演变。

（a）黄花梨官帽椅椅背

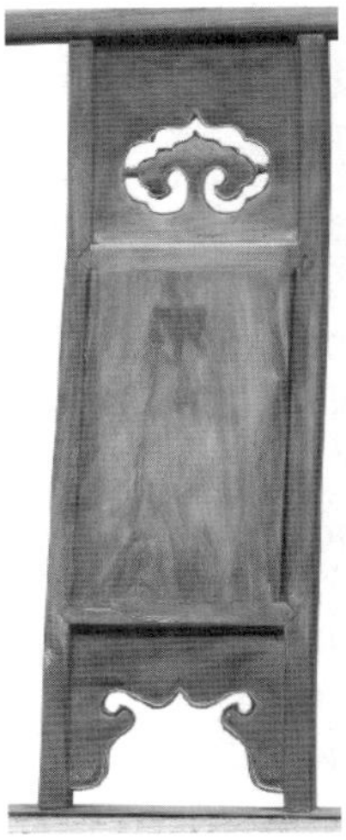

（b）黄花梨南官帽椅椅背一

（c）黄花梨玫瑰椅椅背
（引自《故宫明式家具图典》）

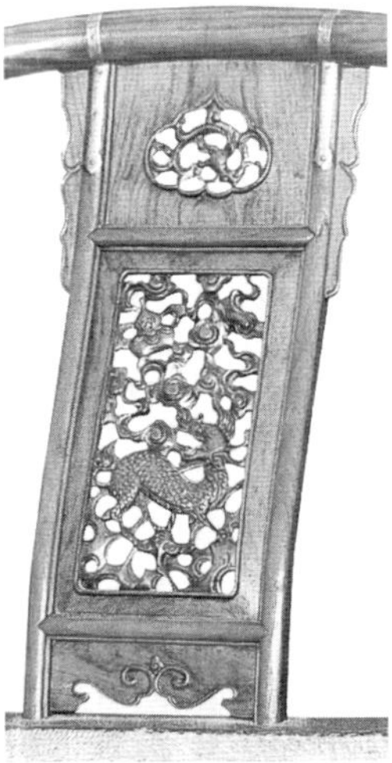

（d）黄花梨交椅椅背
（引自《明式家具珍赏》）

（e）黄花梨灯挂椅椅背

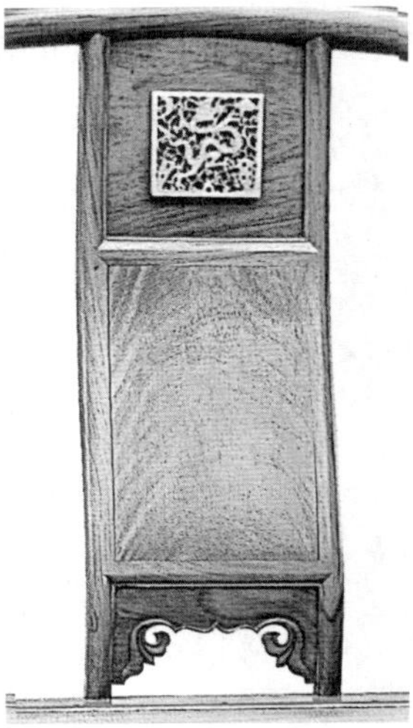

（f）黄花梨南官帽椅椅背二
（引自《明式家具珍赏》）

（g）鸡翅木南官帽椅椅背（引自《明清苏式家具》）　（h）楠木拐子纹扶手椅椅背（采自苏州园林）　（i）红木高背南官帽椅椅背（采自苏州园林）

图4-14　攒框式椅背

4.3.3　屏风式椅背

屏风式椅背在清代苏式座椅中独树一帜，又可分为单屏与三屏两种主要类型。这种椅背不仅在形式上呈现出丰富的多样性，而且装饰题材广泛、装饰手法各异，浮雕、透雕、镶嵌、绘画、书法无所不用，但在舒适度上则相对逊色。

屏风式椅背多用于清式座椅中，如屏背椅、屏背式扶手椅、太师椅等，在玫瑰椅中也偶有应用。除第三章所提及的款式外，再举几例说明。图4-15所示为两例红木插角屏背椅的椅背，这种椅背犹如一张画布，博古纹、石榴纹、蝙蝠纹等寓意吉祥的图案皆可呈现其上，表达人们对美好生活的追求与向往。图4-16展示了两例黄花梨玫瑰椅的椅背设计，均采用了嵌装透雕花板的工艺形式，展现了极高的艺术水准与工艺价值。其中，图4-16（a）中的椅背以“群龙捧寿”为主题，雕工精细，龙纹栩栩如生，寓意吉祥长寿；图4-16（b）中的椅背则以螭虎纹环绕中央莲瓣形题诗花板，纹饰布局巧妙，既体现了传统纹样的典雅之美，又融入了文人雅士的诗意情怀。两例椅背不仅在工艺上堪称上乘，其装饰意蕴更是深远，既承载了传统文化中的祥瑞寓意，又彰显了苏式家具独特的艺术魅力与文化内涵。

图4-15　红木插角屏背椅椅背
（采自苏州东山）

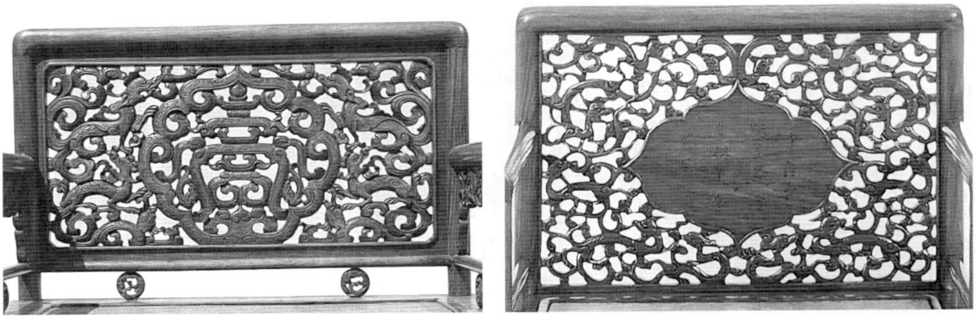

（a）
（清华大学艺术博物馆藏）

（b）
（引自《明式家具二十年经眼录》）

图4-16　黄花梨玫瑰椅椅背

4.3.4　其他形式椅背

除上述椅背形式外，在笔梗椅、玫瑰椅、钩子头式椅等形制中，还广泛存在笔梗式、圈口式、券口式、钩子头加攒框式等多种多样的椅背设计。这些椅背形式各具特色，不仅丰富了座椅的造型语言，也体现了苏式家具在结构与装饰上的多样性与创新性。

4.4 腿足的种类与特征

4.4.1 圆形腿足

圆形腿足在早期的座椅中应用最为广泛，其造型演变展现出丰富的工艺智慧与地域特色。最为简洁的采用整体正圆造型，通体光素无饰；也有外圆内方的设计，既保持了外部的圆润流畅，又通过内部方材增强了结构稳定性，或者外部看面处再起阳线装饰，如为一木连做，则二部变为正圆形，展现出精湛的技艺水平。特别值得一提的是，还有一种腿足做法是劈开双浑面做“芝麻梗”，使看面呈现浑圆饱满的视觉效果，成为极具辨识度的地域特色，在此一并列入圆形腿足之中。这些变化丰富的圆形腿足设计，既体现了匠师对造型艺术的深刻理解，又展现了明式家具“线”的艺术表现力。图4–17所示为苏式座椅圆形腿足常用线脚。

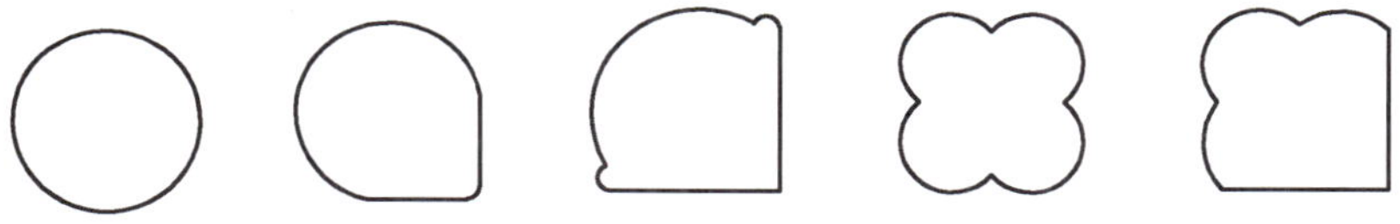

图4–17　苏式座椅圆形腿足常用线脚（截面）

4.4.2 方形腿足

在苏式家具中没有真正的方形构件，都会在棱角处倒角使其圆滑，这种处理手法既增强了使用的舒适性，又体现了“圆融通达”的造物哲学。明清苏式座椅中方形腿足的常用线脚有双面竹爿浑、捏角线、文武线等（图4–18）。方形腿足的造型更为多变，清代中后期应用更加广泛且变化更加丰富，但在追求装饰效果的同时，明式腿足的那种自然流畅之感已经逐渐丧失，“以线造型”的艺术特色明显弱化，这种演变也反映了时代审美趣味的变迁。方形腿足的常见形式如表4–3所示。

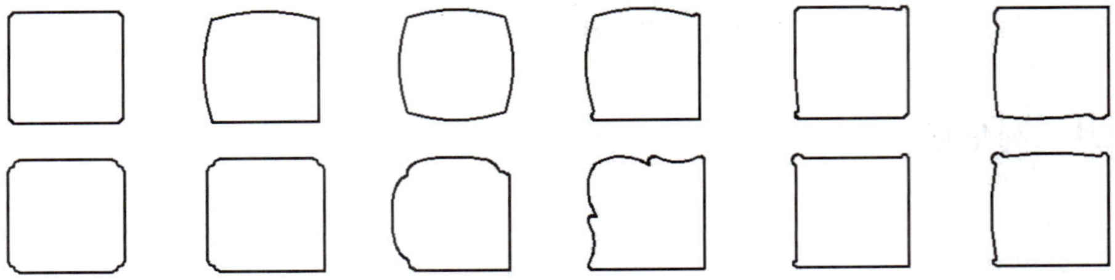

图4-18 方形腿足常用线脚（截面）

表4-3 方形腿足的常见形式

名称	造型特点	图例
直足	直线形，整体光素或有线脚装饰	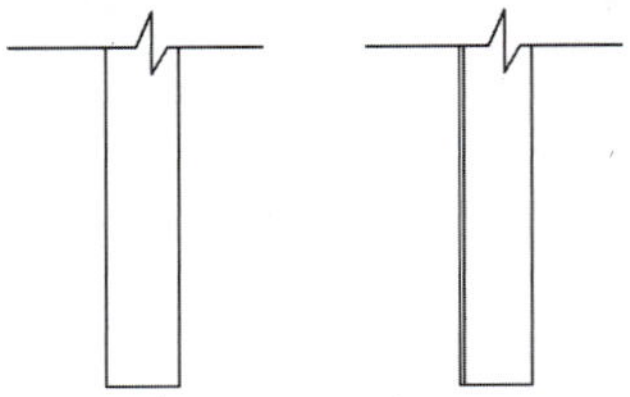
内翻马蹄足	足端向内兜转，似马蹄形。为节省用料，苏式马蹄足往往不用大料挖出，而是将马蹄上端削去一部分，造出马蹄之形，也有用小块薄板贴出此形的。回纹马蹄是清式座椅中常用的一种造型	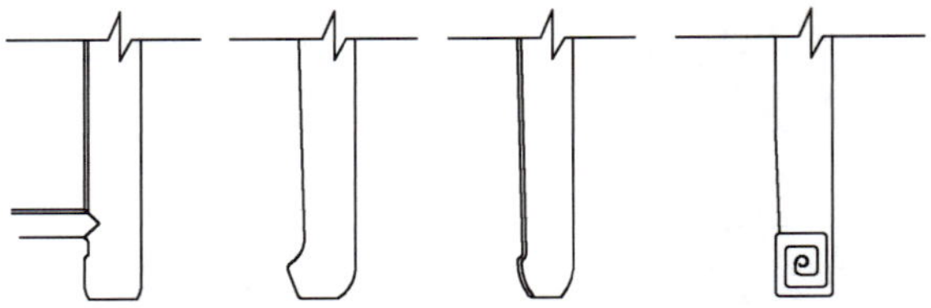
弯足	清中后期的苏式座椅中常用此式腿足，及至中部时骤然向内弯曲。足端常雕饰方回纹、搭叶纹、兽头等	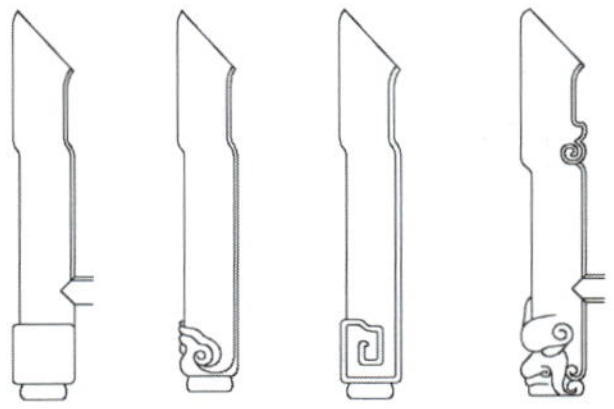

4.5 座面的种类与特征

苏式座椅的座面同样呈现出丰富多样的形态特征，按其外形有长方形、扇形、马鞍式、六边形等形式。其中马鞍式座面作为清代苏式座椅方座面的一种独特样式，其特征是将其前梃做成中间向内凹陷的形式（图4-19），为保持整体造型的统一性，座椅的踏脚档也采用相同的曲线处理手法，形成和谐的视觉效果。

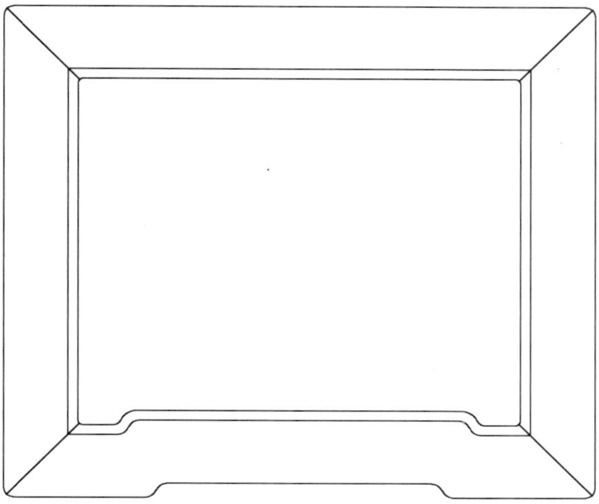

图4-19　马鞍式座面

明清苏式传统座椅的座面有软屉和硬屉两种做法，其中软屉是传统苏作的主要做法。软屉即在边框部位打屉眼，随后以藤、棕等天然材料编织成屉面（其编法有疏有密），然后在四周用木钉或竹钉固定木条进行压边处理，既增强了结构的稳固性，又提升了整体的美观度。这种编织工艺历史悠久，早在宋代便已普遍与家具结合做软屉使用，至明清时期，工艺进一步成熟，运用也更加广泛，成为苏式座椅中的重要组成部分。苏作多采用上藤下棕的双层屉子做法：藤面素雅质朴，与沉稳的木制框架巧妙结合，相映成趣，这样的座面不仅具有良好的透气性，还兼具适度的弹性，能够在使用时形成均匀的压力分布，从而提供舒适的坐感，长时间使用也不易感到疲劳（图4-20）；下层的棕面起着保护藤面和辅助藤面承重的作用。硬屉是指边框开槽镶板而做的屉［图4-21（a）］，镶板时有镶平面与落塘起堆肚两种做法。值得一提的是，图4-21（b）展示了苏作家具的另一种传统工艺——披麻挂灰，这里的“麻”一般是指“夏布”（用苎麻手工织的麻布），“灰”指的是用砖瓦灰和猪血等天然材料混合而成的灰浆，苏作家具的披麻挂灰工艺是一种传统且复杂的表面处理技术，主要是为了保护面板，增强家具的耐久性、稳定性。

座面面框的装饰采用了多样化的线脚设计，其内侧线脚主要有碗口线和船肚线等经典样式（图4-22）。而外侧线脚的设计则展现出更为丰富的形态变化，其中常见的样式如图4-23所示。

（a）软屉正面（藤编）　　（b）软屉背面（棕编）

图4-20　红木座椅软屉

（a）硬屉正面（镶板）　　（b）硬屉背面（披麻挂灰）

图4-21　红木座椅硬屉

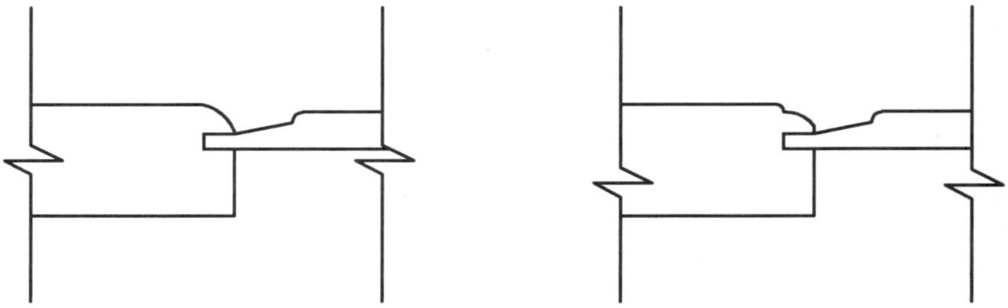

（a）面框碗口线　　（b）面框船肚线

图4-22　座面面框及落塘起堆肚镶板做法

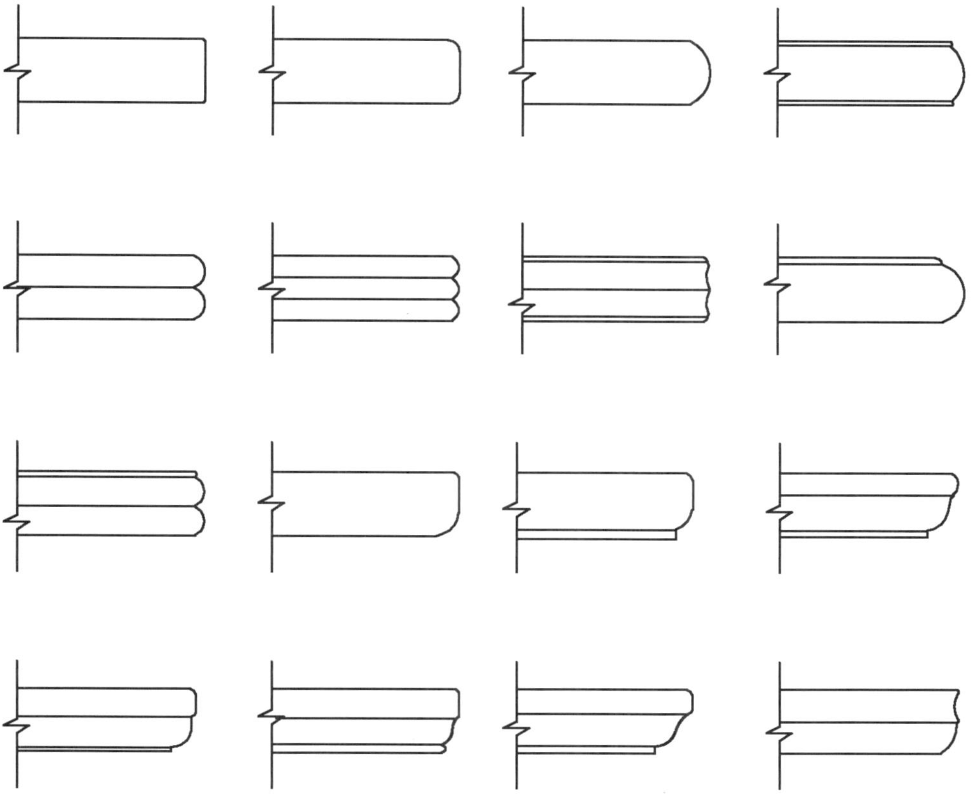

图4-23 座面面框常用线脚样式

4.6 扶手的种类与特征

明清苏式扶手椅的扶手作为关键功能构件，不仅具有重要的实用价值，还蕴含着独特的审美意趣。其核心功能在于承托使用者的手臂，在结构特征上与搭脑部分相似。明至清前期的座椅扶手造型简洁，在扶手下方，匠师们通常匠心独运地设置了鹅脖、联帮棍等支撑构件，或装饰以券口牙子、圈口牙子等精美部件，既增强了结构稳定性，又提升了整体艺术效果。清代中后期苏式座椅的扶手在造型上更为多样，装饰性特征也更为突出。基于扶手造型的多样性，本书将对其进行系统分类与详细阐述。

4.6.1 平直式扶手

平直式扶手在官帽椅、直背椅、玫瑰椅等座椅式样中都有应用，多为圆料，有出头的，有不出头的，扶手下端的形式也比较多样。图4–24（a）至图4–24（h）所示为几种不同形式的平直式扶手。

图4–24（a）所示为一款四出头官帽椅的扶手，扶手与鹅脖均为圆梗直料，鹅脖下端较粗、上端较细，后退安装。图4–24（b）所示同样是四出头官帽椅的扶手，下设联帮棍，鹅脖与前腿一木连做，联帮棍下粗上细。图4–24（c）所示的形式与一字式出头中间拱起圆搭脑的形式相对应。图4–24（d）所示为直背椅中的一种扶手样式，不出头，扶手前端向下兜转与鹅脖烟斗榫连接，鹅脖与前腿一木连做，联帮棍下粗上细，与扶手、鹅脖一样都采用圆梗直料。另外，还有与此相同风格的扶手中安装两根联帮棍的。图4–24（e）、（f）所示为方料的平直式扶手。图4–24（g）所示为第三章图3–58玫瑰椅的扶手，比较特殊的是在其下端，鹅脖与后腿之间安装券口牙子，饰阳线勾回纹，牙子以下又装有桥梁档。玫瑰椅中的扶手以这种圆梗平直式的居多，前端都不出头，下端较多的采用券口形式，也有装圈口的，造型多变，饰以不同的纹样，通常都是与椅背处的造型风格保持一致，非常精美。图4–24（h）所示的平直扶手，仿竹节制作，不出头，侧面看鹅脖做成S形，鹅脖与后腿间装有五根S形曲栅（正面看），比较特殊的是曲栅下部也装有一根横木，是清代中后期座椅的扶手式样。

（a）平直式不带联帮棍出头扶手

（b）平直式带联帮棍出头扶手

（c）平直式后段拱起带联帮棍出头扶手

（d）平直式带联帮棍
不出头扶手

（e）平直式方料带联帮棍
不出头扶手

（f）平直式方料带联帮棍
出头扶手
（引自观复博物馆黄花梨嵌“龙凤”
纹青花瓷板四面平式官帽椅）

（g）平直式带券口不出头扶手

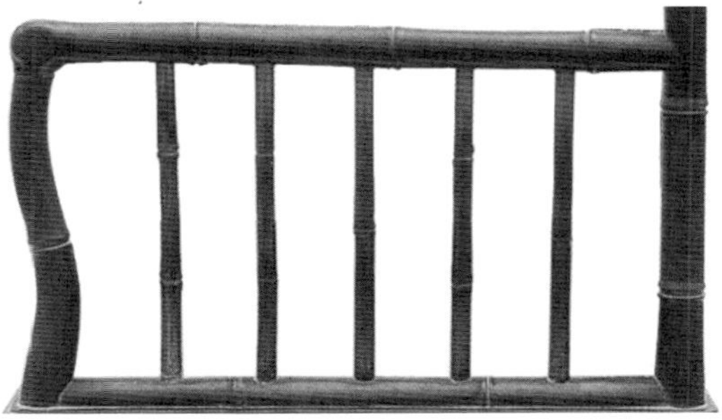

（h）平直式仿竹节笔梗扶手
（引自《明清苏式家具》红木仿笔梗式扶手椅）

图4-24　平直式扶手

4.6.2　曲线式扶手

曲线式扶手在官帽椅中的应用最为广泛，不论是出头式还是不出头式，柔美的线条都与座椅的整体造型一脉贯通、协调统一，从而成就了官帽椅独特的魅力。在细节上，这种扶手也同样拥有多样的变化，如图4-25所示。其中，图4-25（a）至图4-25（c）所示为南官帽椅扶手的常见式样，图4-25（d）至图4-25（h）所示为四出头式官帽椅扶手的几种式样。

图4-25（a）中扶手、鹅脖、联帮棍都呈S形曲线，且都是一头粗一头细，鹅脖退后安装，与扶手烟斗榫连接，在交角处装有精致的角牙。图4-25（b）中

扶手的特点在于其扶手自后腿处至前端呈斜势，不同的座椅中这种坡度也有大有小，当胳膊倚到扶手上时这种有些下垂的姿势更为舒适，这与圈椅中椅圈的前部相似。另外，这款扶手的联帮棍为C形，与图4–25（a）中的不同。图4–25（c）所示为不带联帮棍的不出头曲线式扶手实例，在它的前端与鹅脖相连处采用45°角接合的方式进行接合。图4–25（d）、（e）中的扶手出头式，前者鹅脖直线式，在其与扶手的交角外侧装有角牙，后者鹅脖S形，联帮棍均为S形。图4–25（f）所示为图3–43官帽椅的不带联帮棍的出头曲线式扶手实例，其扶手与图4–25（e）中整体为柱状不同，其前端打磨成浑圆，俗称“鳝鱼头”式，这与座椅的搭脑形式保持一致。图4–25（g）中扶手的特别之处在于其非常漂亮的净瓶式联帮棍。图4–25（h）所示为清中期座椅中出现的扶手造型，整体方料，扶手前端外卷，面上刻圆涡纹，非常独特。

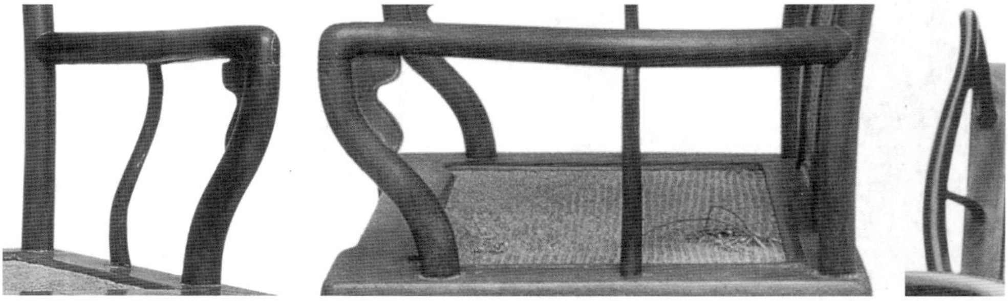

（a）曲线式S形联帮棍不出头扶手
（采自《明清苏式家具》鸂鶒木藤面高背南官帽椅）

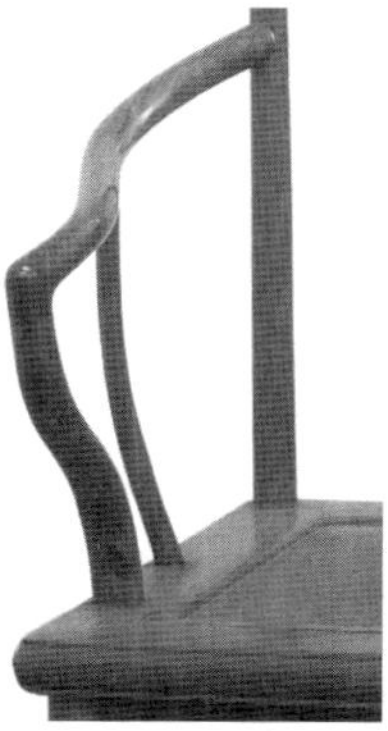

（b）曲线式C形联帮棍不出头扶手

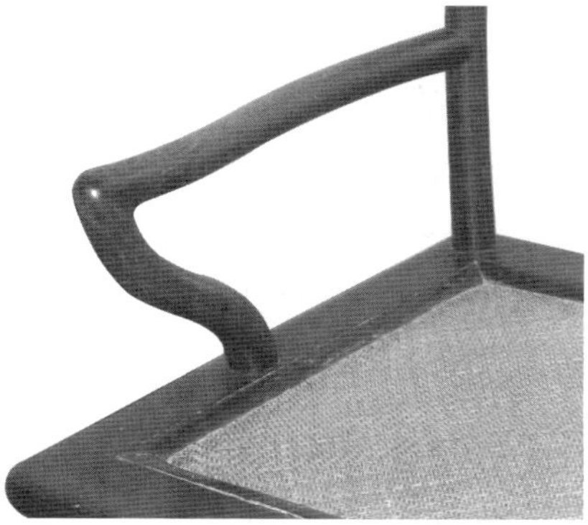

（c）曲线式不带联帮棍不出头扶手

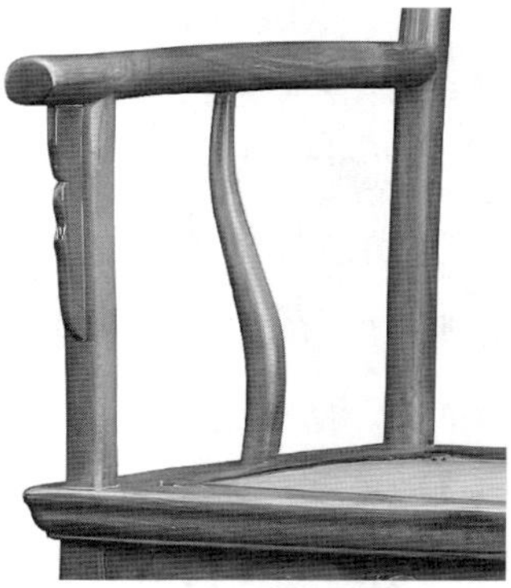

（d）曲线式带联帮棍出头扶手一

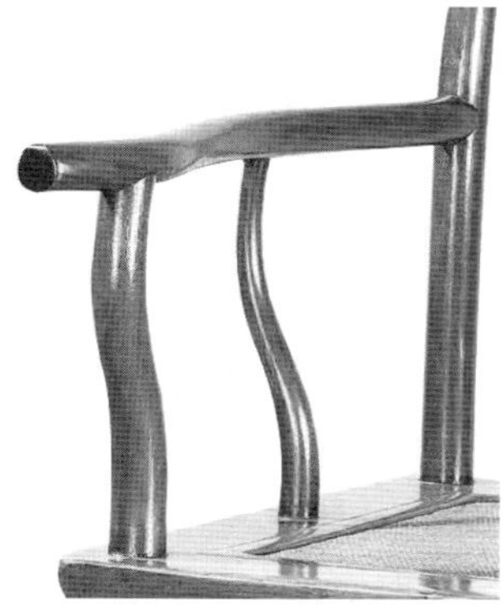

（e）曲线式带联帮棍出头扶手二

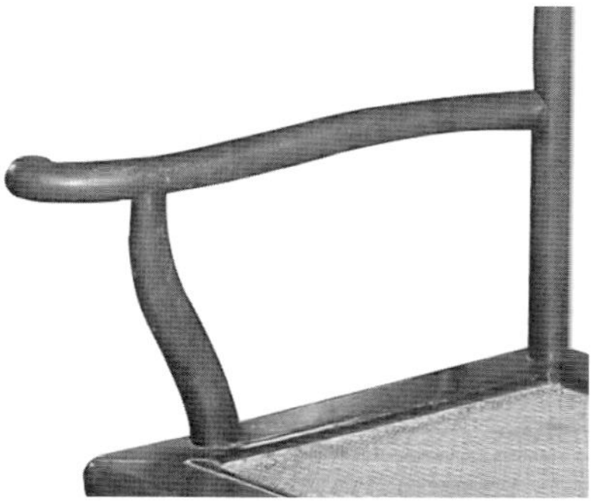

（f）曲线式不带联帮棍出头扶手

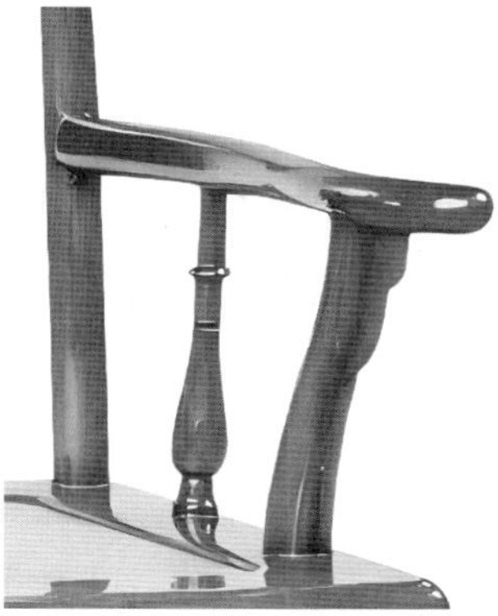

（g）曲线式净瓶式联帮棍扶手
（采自观复博物馆黄花梨镂空
“福”字四出头官帽椅）

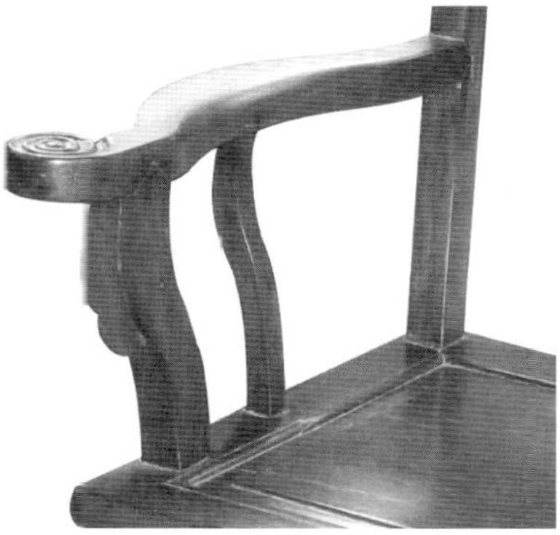

（h）方料曲线式出头扶手

图4–25　曲线式扶手

4.6.3　其他形式扶手

除上述传统扶手样式外，在清代苏州座椅形制中还衍生出多种创新扶手样式。例如，在笔梗式扶手椅（图3–73）中常用到一种前低后高的笔梗式扶手，形式上与桥梁式的搭脑相对应，扶手下是数量不等的圆柱，有的椅子还会在这些圆柱上做嵌饰；在屏背式扶手椅、太师椅、钩子头式扶手椅等座椅中还有屏风式、拐子纹式等扶手，这些扶手在造型设计上各具特色，装饰上更是争奇斗艳，体现了清代匠师们的非凡创造力与表现力。其他各式扶手如图4–26所示。

图4-26　其他各式扶手

4.7　牙子的种类与特征

牙子是明清苏式传统座椅中的一种常用构件，既起到重要的承托作用，又以其优美的造型和细腻的雕刻起到非常好的装饰作用。牙子在座椅的几个不同部位都有应用，因此又有不同的种类，如角牙、券口牙子与圈口牙子、牙条与牙头等。

4.7.1　角牙

角牙，苏州匠师又称“插角”，用于两构件交角处，如搭脑与后腿、鹅脖与扶手、座面与前腿、踏脚档与前腿等构件的交角处。其中，踏脚档下的牙子也称为脚牙。还有比较特殊的插角式屏背椅的座面与椅背交角处也安装角牙，常见的有攒接方钩纹、螭虎纹、透雕灵芝纹、攒框镶云石等造型样式（第三章已有介绍，不再赘述）。图4–27所示为常见角牙形式。

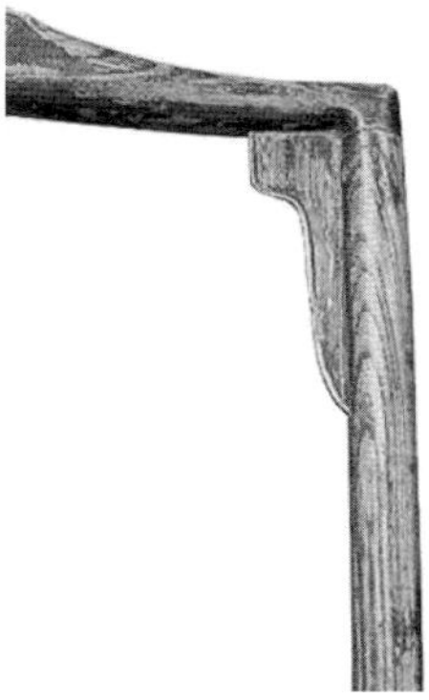

（a）不出头式搭脑托角角牙

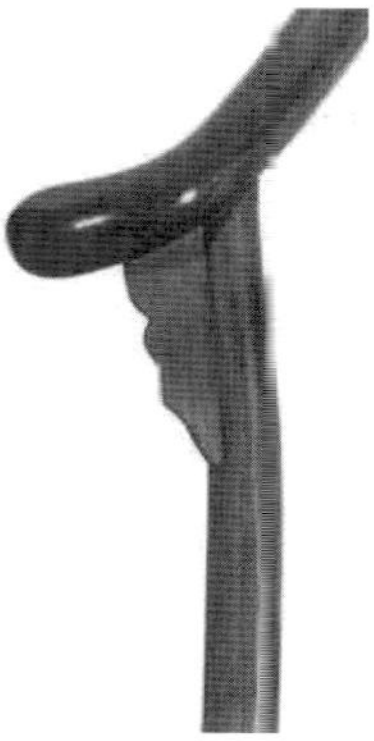

（b）出头式扶手托角角牙

（c）不出头式扶手托角角牙

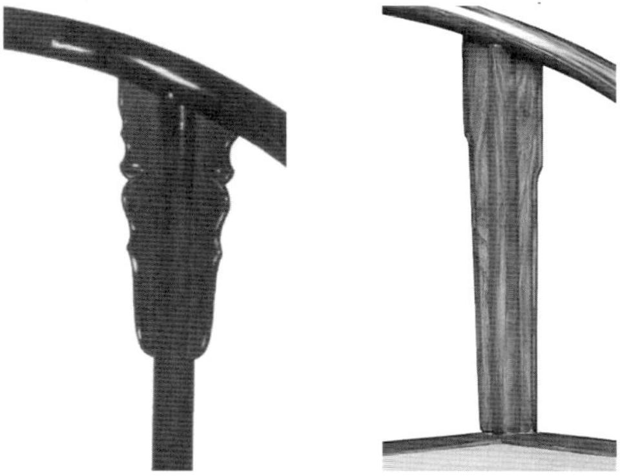

（d）圈椅椅腿上立柱与椅圈交接处角牙

（e）椅座下角牙

（f）踏脚枨下角牙

图4-27　常见角牙形式

4.7.2 券口牙子与圈口牙子

券口是指上面、左面和右面三根牙条安装在横料与竖料的框架中，形成拱券状，苏州匠师又称“虚相”。而形成券口的三根牙子便是券口牙子。

券口牙子在座椅中主要应用于椅盘以下，正面或侧面都有应用，但正面的券口牙子变化更为丰富。从形制上看，主要有平直式、螳螂肚式、壶门式等典型样式，这些券口边缘多饰以挺拔的阳线，并常施以卷草纹、螭龙纹、草龙纹等精美浮雕装饰［图4–28（a）至图4–28（e）］；清代扶手椅中还发展出一种独特的柱状券口构件，其造型灵活多变，突破了传统样式，如图4–28（f）所示为一张清代黄花梨梳背式扶手椅的椅盘下券口。

在玫瑰椅中，券口被广泛应用于多个关键部位，包括后背、扶手以及椅盘下方。其造型丰富多样，或简洁流畅，或繁复精美，不仅起到加固结构的作用，更通过其多变的艺术形态，为玫瑰椅增添了独特的审美价值和文化内涵。如图3–57所示的红木玫瑰椅，其后背与扶手处安装平直式券口牙子，而椅盘下采用壶门式券口牙子，均起阳线，再无过多装饰，简洁而又不乏变化。图3–58中的鸡翅木双座玫瑰椅，其后背、扶手以及椅盘下均安同一形式的阳线勾回纹券口牙子，达到了统一协调的艺术效果。图4–29所示的两例为玫瑰椅后背内券口牙子，分别雕饰精美的卷草纹样与草龙纹样。

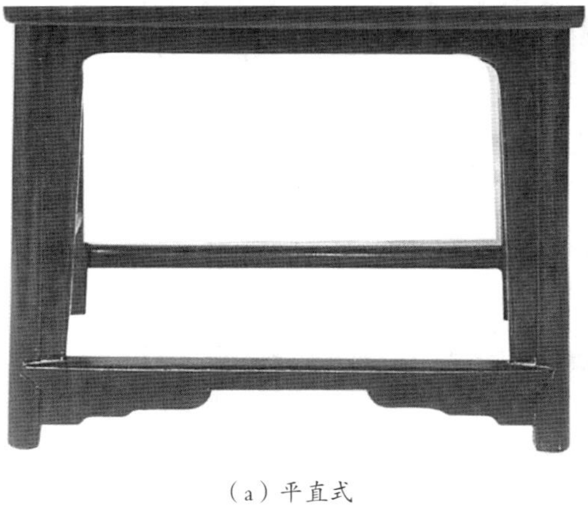

（a）平直式

（b）螳螂肚式

（c）壶门式

（d）壶门式雕卷草纹

（e）壶门式竖牙锼圆尖形

（f）柱式

图4-28　椅盘下券口牙子

（a）雕饰卷草纹样

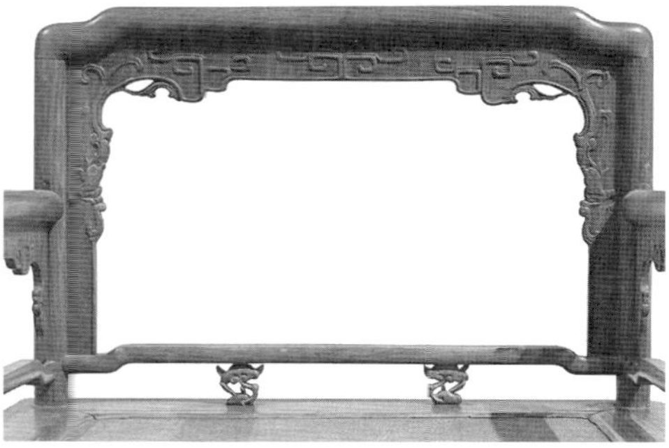

（b）雕饰草龙纹样

图4-29　玫瑰椅后背内券口牙子

圈口与券口的区别在于框架内四面均安装牙条，从而形成完整的环形结构。这种构件在座椅中的应用相对较少，却具有独特的装饰价值。如图4–30所示的玫瑰椅椅背与扶手处采用了圈口牙子设计，其表面满雕精致的缠枝花叶纹样，纹饰繁而不乱，疏密有致，既展现了精湛的雕刻技艺，又营造出富丽典雅的艺术效果，充分体现了传统家具装饰中“以雕绘增其华”的美学追求。

图4–30　玫瑰椅椅背与扶手内圈口牙子
（采自苏州园林）

4.7.3　牙条与牙头

较长的直牙子称为牙条，牙条两端与椅腿等立柱相连时，又常常设牙头向下做转角。牙条与牙头同样主要应用于椅盘下部，在踏脚帐下也常有使用，不同之处在于椅盘下部牙头通常为另外安装，与牙条格角相接，而踏脚帐下牙头较为短小，所以一般采用一木连做。明清苏式坐椅中常见的牙条与牙头形式如图4–31所示。其中，图4–31（a）和图4–31（b）所示的带有素牙头的牙条称为荷包牙。

而图4–31（c）和图4–31（d）所示的螳螂肚式牙条出现于清式座椅中，后者中部还向内凹陷，这与前文所述马鞍式座面的形式一致，这种牙条装饰内容非常丰富，如蝙蝠纹、螭龙纹、回纹、百果纹等，装饰性极强。另外，图3–5和图3–6中的榍木高背灯挂椅的云纹头牙条与榍木小灯挂椅的曲线形牙条独具匠心，由此可见它们并不是完全拘泥于某些固定的形式，而是充满了丰富的变化。

（a）素荷包牙

（b）雕如意纹荷包牙

（c）螳螂肚式牙条

（d）雕卷草纹螳螂肚式牙条

图4–31　明清苏式座椅中常见的牙条与牙头形式

4.7.4　其他形式牙子

除上述几种最为常见的牙子种类外，在明清苏式传统座椅中还有其他一些形式较为特别的牙子出现。图4–32所示为清代座椅椅盘下的牙子造型，图4–32（a）做成凹凸状花牙，而图4–32（b）牙子透雕枝状图案，图4–32（c）为透雕卷草纹花牙。

（a）凹凸状花牙
（引自《明清苏式家具》铁力木卷书式搭脑云钩纹扶手椅）

（b）透雕枝状花牙

（c）透雕卷草纹花牙

图4-32　其他形式的牙子

4.8　枨子的种类与特征

枨子是明清苏式传统座椅中一种常用的联结构件，起到加固的作用，同时，如牙子一样，也是一种造型构件，其常见形式有桥梁档（罗锅枨）、直枨、霸王枨等。

4.8.1　桥梁档

桥梁档是苏式座椅中极为常用的一种枨子，北方又称为“罗锅枨”，主要特点为中间凸起、两头较低，形式似桥梁式搭脑，有的紧贴上部构件安装，但多数情况下会在其上端装有垂直矮柱或者吉子，也有矮柱与吉子同时使用的。桥梁档多应用在椅盘以下，一些踏脚档的下端也有应用，在少数座椅品种如某些玫瑰椅中也有安装在扶手或椅背下端的。其拐角有大有小，用料有方有圆，与腿足的连接处采用包肩、直角榫与裹腿做几种方式。图4–33所示为常见的桥梁档形式。

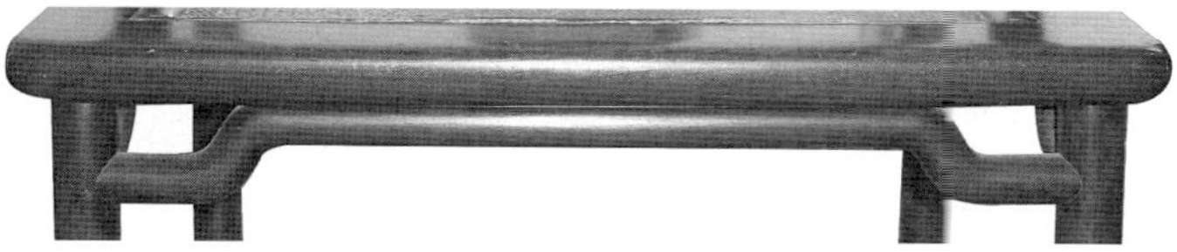

（a）桥梁档

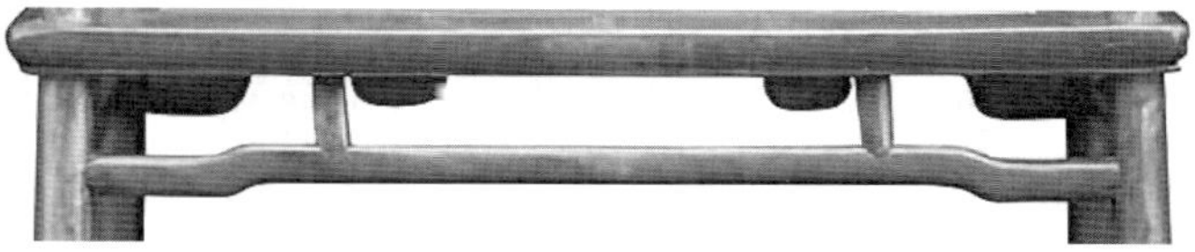

（b）桥梁档加矮柱

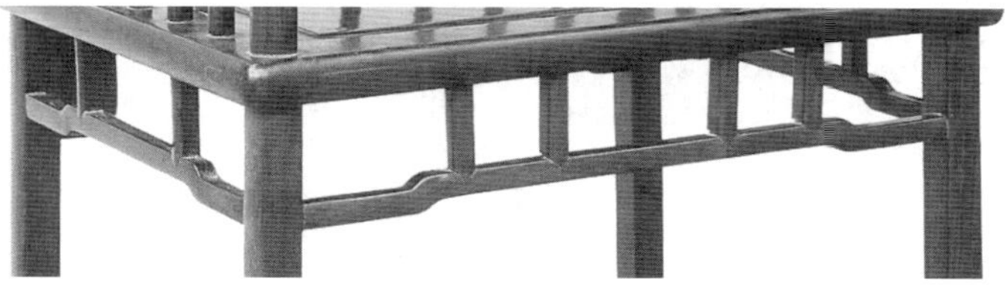

（c）桥梁档加四根矮柱

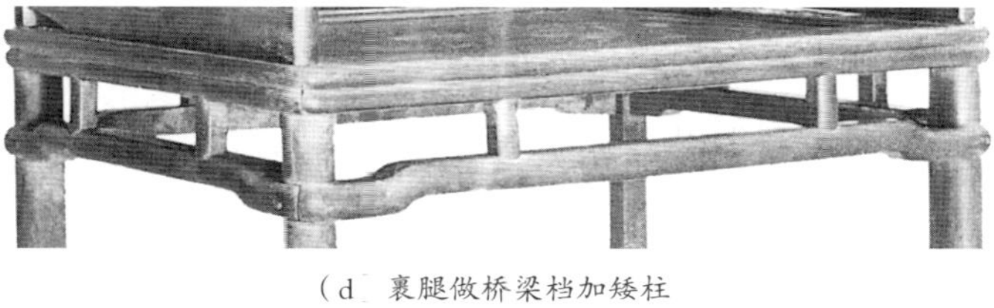

（d）裹腿做桥梁档加矮柱

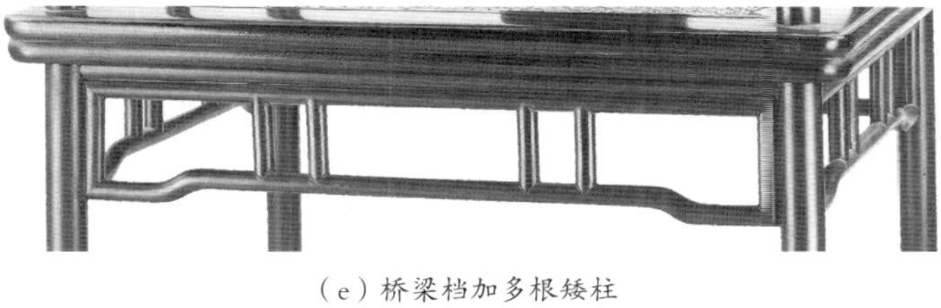

（e）桥梁档加多根矮柱

图4–33　常见的桥梁档形式

4.8.2 直枨

直枨在座椅中多应用于腿足的下端，又称为“管脚枨”，前端一根又称“踏脚档”，用料同样有圆有方，有的平齐安装，有的为了避免两枨的榫头相碰而采用前后较矮、两侧较高或“步步高赶枨”的形式，从第三章所举座椅实例中都有所见，不再赘述。

4.8.3 霸王枨

霸王枨在座椅中应用不多，是一种既能承重又能加强形体牢固度的构件。其上端托着椅面的穿带，并用梢钉固定，下端则与足腿靠上部分结合在一起，可使椅面承受的重量产生分力，更均衡地传递到腿足上来。图4–34所示为苏州虎丘所藏的一张花梨木彩绘屏背扶手椅的椅盘部位霸王枨的运用。

图4–34　霸王枨

4.8.4 其他形式枨子

随着明清苏式座椅不断发展与创新，枨子的形态也呈现出显著的多样化趋势。特别是在清代中后期，这一传统构件造型突破了早期相对单一的样式，在保持结构功能性的同时，逐渐融入更多装饰性元素，展现出独特的时代特征，如图4–35所示。

图4-35 其他形式杌子

小结

①通过对搭脑特征的分析可知：明清苏式传统座椅的搭脑主要分为出头、不出头两大类，还有一些清式座椅的异形形式。就其正面造型来看，最常见的样式有一字式、桥梁式、驼峰式、卷书式、弓形、马蹄形等，截面有方、圆等诸多变化，几乎不施装饰，以线形取胜，但清式座椅中的一些搭脑形式不似明式那样简洁流畅。

②通过对椅背特征的分析可知：明清苏式传统座椅的椅背常见的有独板式、攒框式、屏风式等。前两种为明式座椅常用的椅背形式，充分考虑人体椅背舒适度，没有过多修饰。屏风式等清式椅背的变化更为丰富，装饰增多，但在舒适度方面远不及明式座椅。

③通过对腿足的分析可知：明清苏式传统座椅的腿足依其截面形状，有圆形、方形两种，它们又各有不同的造型与形式，其中方形腿足造型更为多样，有直足、内翻马蹄足、弯足等多种变化。明式腿足多光素或仅以十分具有特色的线脚进行装饰，清代中后期的腿足变化更为丰富，雕饰趋于烦琐，方料的运用明显增多，以线造型的特点已被减弱。

④通过对座面特征的分析可知：明清苏式传统座椅的座面有长方形、扇形、马鞍式、六边形等不同的形式，同时多样的线脚装饰是其最显著的特征。“上藤下棕”的软屉是苏州地区的主要造法，不仅松软透气，还能大大提升家具的舒适性。

⑤通过对扶手部位特征的分析可知：明清苏式传统扶手椅的扶手有平直式、曲线式、屏风式、钩子头式等多种造型，本书重点介绍了前两种。平直式扶手多为圆料，出头与不出头者皆有，扶手下端有带联帮棍或不带联帮棍、带券口或圈口，以及笔梗式等多种变化；曲线式扶手线

条柔美、造型多变，有出头的和不出头的，有带联帮棍的和不带联帮棍的，用料有方有圆。

⑥通过对牙子与枨子特征的分析可知：明清苏式传统座椅中常用的牙子形式有角牙、券口牙子与圈口牙子，以及牙条与牙头，它们形式多变，造型多样，还常常浮雕吉祥纹样，既对座椅框架起到承托作用，又能起到非常好的装饰作用；枨子形式多样，它们大多用于椅盘以下，用料有方有圆，与椅腿或腿面以多种不同的连接方式进行接合。

5

明清苏式传统座椅的用材、结构与木工工艺

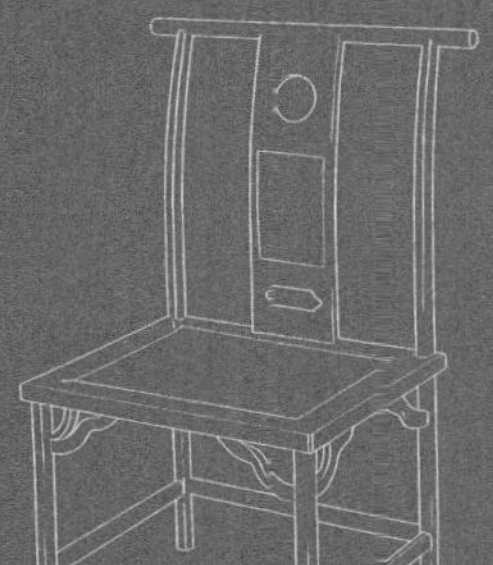

传统苏式家具历经数百年岁月洗礼仍能风采依旧，其不朽魅力不仅源自典雅隽永的造型艺术，更在于选材、结构与工艺三者的完美统一。匠人们精选纹理细腻、质地坚硬的优质木材，运用科学严谨的榫卯结构，配以世代传承的精湛工艺，使得每一件作品都成为集实用性、艺术性与耐久性于一身的佳作。这种对材质、构造与技艺的极致追求，共同铸就了苏式家具穿越时空的永恒价值。

5.1 用材

《考工记》曰："天有时，地有气，材有美，工有巧，合此四者，然后可以为良。"古人造物，对材料的选择极为重视。材料的使用，力求不悖其本性，善于展现其长而隐避其短。

明清苏式传统座椅主要使用木材，而"就地取材"是人类适应自然、满足所需的基本法则。因此作为江南地区盛产的木种，榉木便成为民间苏式座椅广泛使用的材料。它虽不及硬木名贵，但材质色泽纹理俱佳，民间没有将这种木材视作柴木而当作柴料，并且一直把它作为制造优质家具的良材。榉木又有黄榉、红榉、白榉之分。明隆庆以后，随着海禁的松弛，产于海南、南洋（今东南亚）等地的优质硬木大量输入江南地区，因此，到了明晚期，苏州地区便成为制造贵重家具的中心。据范濂《云间据目抄》中的记载，"细木家伙，如书桌、禅椅之类，余少年曾不一见。民间止用银杏金漆方桌。自莫廷韩与顾、宋两家公子，用细木数件，亦从吴门购之。隆、万以来，虽奴隶快甲之家，皆用细器……"。此处"细木"主要包括黄花梨木、紫檀木、乌木、黄杨木、相思木（红豆）、瘿木等贵重木材。它们大都质地致密，色泽沉穆雅静，花纹生动瑰丽，木性稳定，因此传至现代已经数百年仍"风韵犹存"。另外，其他经常使用的木材还有鸡翅木、楠木、铁力木、菠萝木等。

座面则有硬屉、软屉之分。硬屉用木板镶作；软屉则采用藤编而成，使其具有一定的弹性，更具透气性、舒适性，非常适合江南潮湿的气候。

在座椅的靠背部位也经常使用云石、瓷等材料，在选材时极为考究，如《长物志》说大理石："白若玉、黑若墨为贵。白微带青，黑微带灰者，皆下品。但得旧石，天成山水云烟，如米家山。此为无二佳品。"由此可见，苏式家具在选材过程中始终不忘与其高雅的艺术品位相契合。

5.2 结构

5.2.1 主要名词术语

落塘——装板低于边框的造法。

堆肚——又称落塘踩鼓，将装板四边踩下去，使它低于边框，但中部不动，形成高起的小平台。

包肩——圆材丁字接合时常采用的一种结构，《明式家具研究》中将外皮交圈者称为飘肩，在苏州地区不论外皮是否交圈，统称为包肩。

来去榫——又称揣揣榫，板条角接合，两条各出一榫。

烟斗榫——又称挖烟袋锅，横竖材角接合，横的一根尽头造成转项之状向下弯扣，中凿榫眼。

蟹钳榫——一根料的端头做两只榫头将与之接合的料紧紧夹住，苏州匠师将其形象地称为蟹钳榫。

鼻头榫——面框攒边接合时若采用蟹钳榫，那么大边上除长榫外，加留的三角形小榫在苏州地区又称为鼻头榫，有暗榫与明榫两种做法。

一木连做——两个或更多的构件由一块木料造成，如图4-1所示的南官帽椅的后腿。

桩头——又称栽榫，构件本身不出榫，另取木块栽入构件作榫。

5.2.2 主要结构

榫卯结构这种在七千年前河姆渡时期就已经被我们祖先发明的接合方式，在苏作家具上的运用达到了炉火纯青，各部位的有机组合既提炼到简单明确，合乎力学原理，又十分重视实用与美观。

5.2.2.1 面框与腿部的连接

座面的连接采用攒边做法，大边出榫，抹头凿眼，然后攒成边框。此法的优点首先在于将面板芯纳入边框中，使薄板能当厚板使用。另外，面板装入四框，并不完全挤紧，留有膨胀余地，而不至于变形。因此，攒边、打槽、装板是一种经济、美观、科学合理的造法。

一般座椅的后腿及有些扶手椅的前腿与椅盘上部的椅背、鹅脖是上下相连、一木连做的，这种结构最为坚实合理。这其中又有两种做法：如图5-1（a）所示的做法是椅盘安装时直接从腿足上端套下去；而图5-1（b）所示为苏式座椅的常用做法，是将腿足在与面框连接的部位削出一段方颈，边抹也开方孔，两面框料之间采用蟹钳榫接合，安装时正好卡住方颈。相比之下，后一种做法更为牢固稳定，且不会在上端露出缝隙。

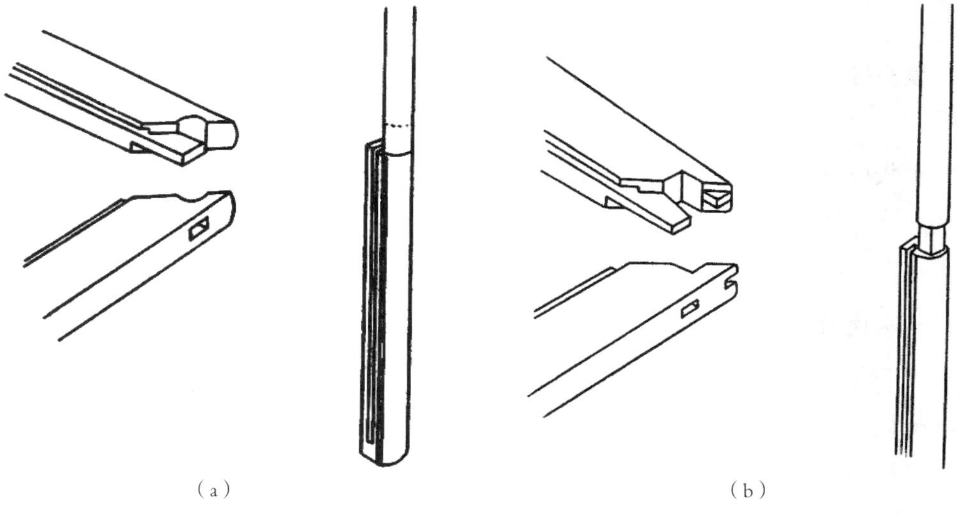

（a）　（b）

图5-1　面框与椅腿的连接

5.2.2.2 搭脑与后腿的连接

搭脑若为出头式，则其与腿部的连接按圆材与方材之分有包肩榫与格肩榫接合两种方式，如图5-2所示。如搭脑为不出头式，一般来说，如果是方材，则为45°格角接合，如图5-3（a）所示；如为圆材，则在苏作座椅中采用烟斗榫（北方又称挖烟袋锅）的较为多见，如图5-3（b）所示。烟斗榫的做法是搭脑处向下弯扣，开矩形榫眼，与腿部上端的榫头相接。扶手与鹅脖的连接也多采用烟斗榫，但偶尔也有采用格角接合的，如前文图3-46所示的南官帽椅的搭脑与扶手部位的结构连接。

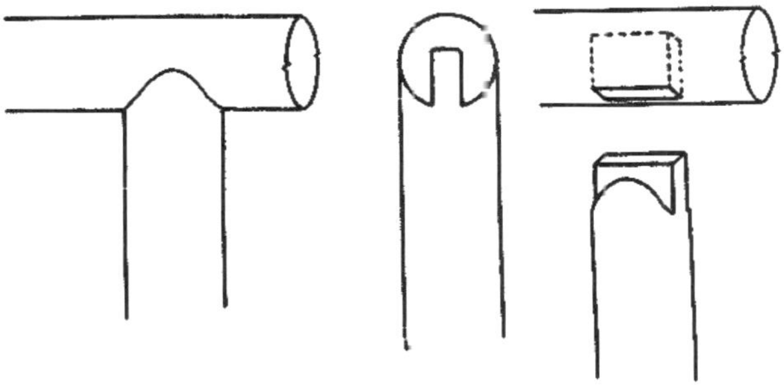

（a）圆材包肩（横、竖材粗细相等）

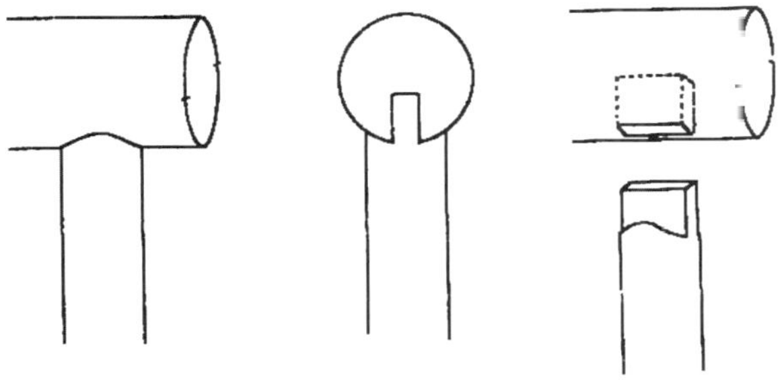

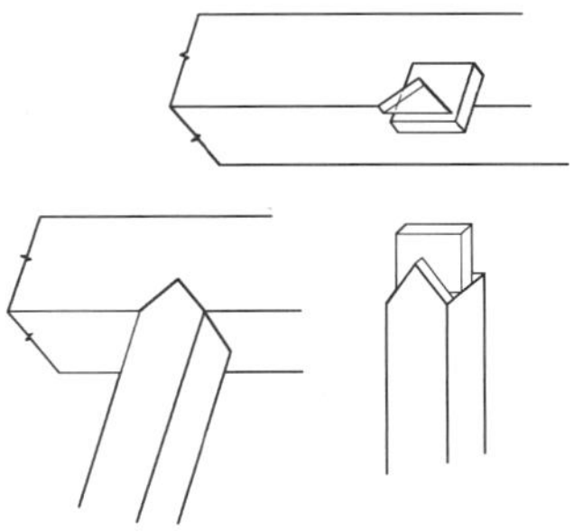

（b）圆材包肩（横、竖材粗细不等）　　（c）方材格肩

图5-2　出头式搭脑与后腿的连接

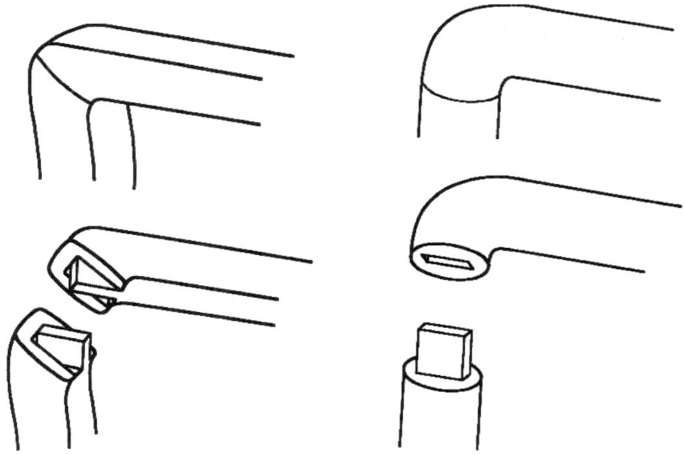

（a）方材45°格角接合　　（b）圆材烟斗榫接合

图5-3　不出头式搭脑与后腿的连接
（引自《明式家具研究》）

5.2.2.3　圈椅椅圈部位的连接

大家熟悉的圈椅，其椅圈部位的连接可谓精巧。在王世襄先生的著作《明式家具研究》中有此弯材接合的示意图，如图5-4（a）所示。此外，苏作工艺中还有一种做法，如图5-4（b）所示。

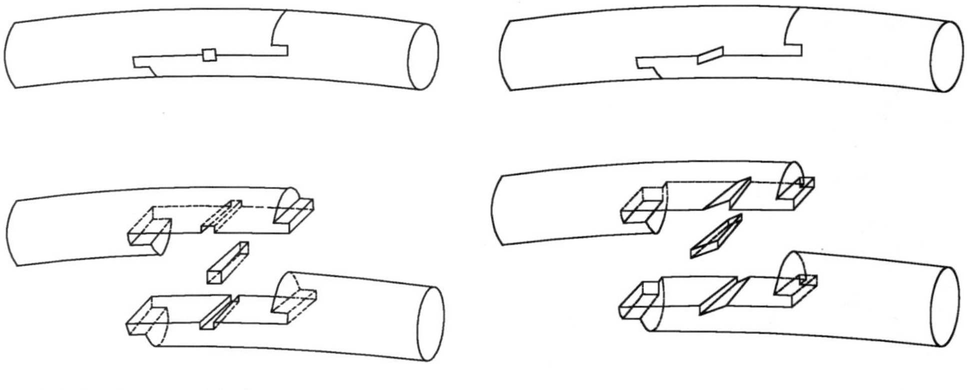

（a）《明式家具研究》中的弯材弧形接合　　（b）苏作家具中的弯材弧形接合

图5-4　弯材弧形接合

与《明式家具研究》中不同的是，这种做法将中间的梢榫做成一头大一头小的楔形，再以一定角度斜插进去。看似小小的差异，实际上却增加了重要功用：在图5-4（a）中，方形梢榫只能起到定位的作用；而图5-4（b）中，插梢一头大一头小，越往里敲就会使连接越紧密。这样一个小小的梢榫即反映出苏作工艺中物尽其用的造物理念。另外两侧的榫头也有所不同：图5-4（a）中的榫头为贯通榫，而苏作中通常将其做成半榫。做成半榫有两个好处，其一是从外侧看不会破坏椅圈木材花纹的完整性；其二是在不降低其胶接牢度的基础上，提高了椅圈对人体倚靠时剪切力的承受力。苏作榫卯之科学合理性于细微处可见一斑。

5.2.2.4 椅背部位连接

讲究的椅子靠背板与后面框相连部位的结构如图5-5所示。从正立面看［图5-5（a）］，背板下部与椅面边框连接处采用了两端长中间短的一种榫头，而并非简单的单榫连接。此种做法符合工程力学原理，如果榫头过宽，当背板受力时反而更容易发生变形，从而影响连接强度。就像一把钢尺，握其两端稍微用力就能将其折弯，而如果只取中间很短的一段，反而很难折弯。采用图5-5（a）所示的结构，其受力面减小，承受力与抗变形的能力将大大增强。同时，榫头越宽，木材含水率发生变化时其发生变形的程度也就越严重，长时间的膨胀收缩必然导致开胶且榫头松动。再从侧面看［图5-5（b）］，苏作工艺中此榫头的榫肩是靠近面框里侧的。可以想象，如果将其做到外侧，当人靠上去时，靠背板即受到了一个向后的作用力，而榫头与榫肩的拐角处受到面框给它的一个向前的作用力，这样就产生了一个拉力，由于硬木的坚和脆，此处便很容易产生裂缝。这其中还有另外一个作用是为了美观，榫肩在前，即便榫头与榫眼的接合处产生一些缝隙，也不会曝露在外。

虽然匠师们对力学原理并不精通，可是凭借代代相传的经验，他们却能够做到如此完美，不得不令人敬佩。

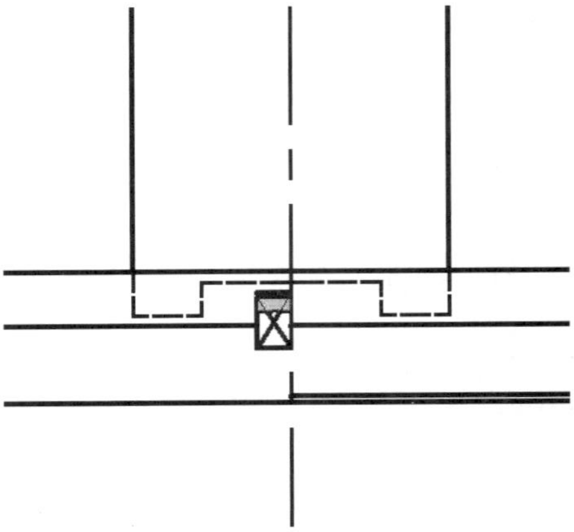

（a）主剖视图局部

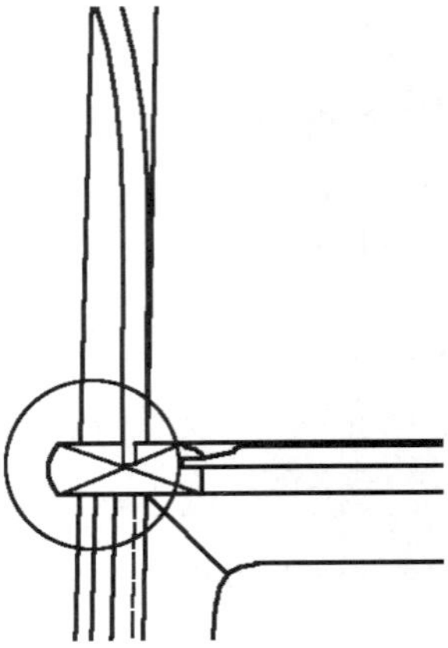

（b）侧剖视图局部

图5-5　后背榫接合

5.3　木工工艺（以划线工艺为例）

苏式家具历经时代变迁，虽形制各异，却始终恪守传统工艺精髓，其鬼斧神工般的精湛技艺，令人叹为观止。苏州地区的工匠们简直就像魔术师般将木料玩于股掌之间，无论大件小件，无不精心琢磨反复推敲，使之天衣无缝。本书将以划线工艺为例，对传统苏作木工工艺进行详细的剖析，通过对这种传统工艺的细细品味，深刻领悟其中的“工艺之美”，这种工艺之美给予我们种种教益：工艺之美是自然之美，它需要对自然的完全皈依；工艺之美是材料之美，对材料的忽视也就是对工艺之美的忽视；工艺之美是传统之美，只有恪守传统才能把握工艺的发展方向。如果将这种传统工艺与现代社会充斥的粗制滥造相对比，我们更能体会“工艺之美必须与善相辅”。

传统苏作家具制作需要经过划线、打眼、锯榫、装配、雕花、髹漆等工艺过程，而划线是其基础。划线工艺是指用铅笔、直尺、三角尺、蝴蝶尺、活络角尺等木工划线工具在已加工出的家具各零件净料上按照预先设计好的结构划出其所具有的榫眼、榫头、槽口的具体位置、大小及形状，并在榫眼及槽口的位置标出榫眼及槽口深度尺寸的工序。这其中还包含着提前在薄木板上画大样图和用薄木板制作异形零件大样的过程，以帮助划线师傅准确及快速划线。

划线工艺在中国传统家具的制作技术中占有十分重要的地位，零件上的每一根线都直接影响了产品的后续加工，它决定了家具的结构、比例以及最终形态，是生产传统家具的基础。在这一工序中，经验丰富的划线师傅所需解决的不只是榫眼及榫头等的位置及大小问题，他们须成竹在胸，在这一工序中就将整个家具后续制作的所有问题进行全面考虑，并采取多种措施以保证最终成品的美观与牢固。下面以图4-1所示的南官帽椅的划线为例，全面展示苏州地区匠师的划线过程，并在此基础上将这一工艺过程中所经常采取的措施及手段加以总结。

5.3.1 划线工具

中国传统木工工具经过几千年演变已非常成熟。这些工具都是工匠根据自己的体形和动作习惯等自制，以适合自己使用。传统的工具基本采用红木制成，这些小小的工具除了实用之外，也被匠师们几乎做成了艺术品，即使2mm厚的一把三角尺，其榫卯做得也极为精密。只要看看工匠所用的工具，行家就能大致判断出其手艺的高下和艺术感悟力及创新精神。传统划线工具包括直尺、三角尺、蝴蝶尺、活络角尺、勒刀及墨签等。

直尺 —— 在传统木工中，直尺是基础测量与划线工具，常与墨斗、三角尺等配合使用。传统直尺多采用木质，现代则多用金属制成，如图5-6所示。

三角尺 — 用于划90°和45°的线，是划线的重要工具，如图5-7所示。

蝴蝶尺 — 顾名思义，大概就是因其形状像展开双翅的蝴蝶，其“翅膀”处由螺丝与尺身相连，可以绕其转动。用于划非90°的线，它的便利之处在于当有两条线互为补角时，那么只需用此尺定好其中的一个角，翻转一下便可用另一侧确定另一个角度，如图5-8所示。

活络角尺 - 类似丁字尺的形状，只是前端横向的尺子可以绕轴转动，能够划出各种角度的线，如图5-9所示。

勒刀 —— 将一端磨成钩状的薄钢片插入带有槽口的木片中，其钩状端头露于木片之外并可调节长度，用于划线，如图5-10所示。

墨签 —— 竹制的一种端部为扁状的笔，蘸铅粉在木料上划线，现多用铅笔或圆珠笔。

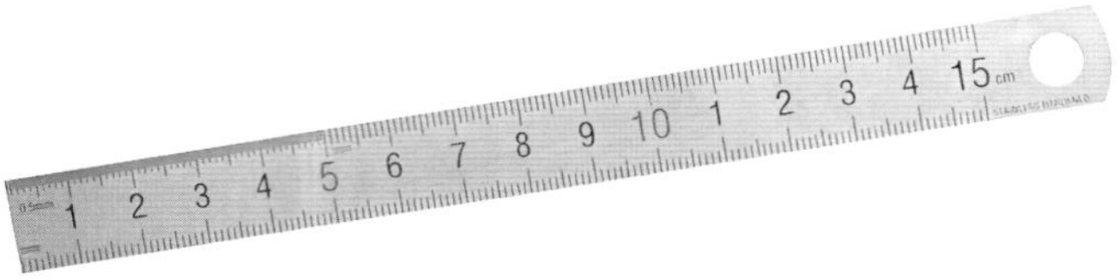

图5-6　直尺

图5-7　三角尺

图5-8　蝴蝶尺

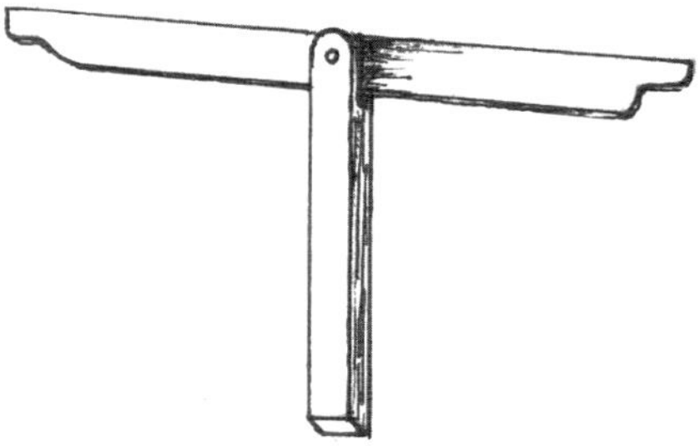

图5-9　活络角尺

图5-10　勒刀

5.3.2　明式南官帽椅划线过程

5.3.2.1　划线前的准备工作

（1）绘制大样图及制作样板

对于造型复杂的家具，为了明确家具的尺寸、形状及内部结构，匠师在制作之初都要先在薄木板上绘制1：1的大样图，有时还要简单标示内部结构。此举也可帮助工匠在划线过程中准确及快速地定位、划线。在此给出此款南官帽椅的结构装配图，如图5-11所示。

异形零件要根据大样图在另外的薄木板上绘制并锯截制成样板，以方便后续配料及划线时对其形状的把握，如图5-12所示。

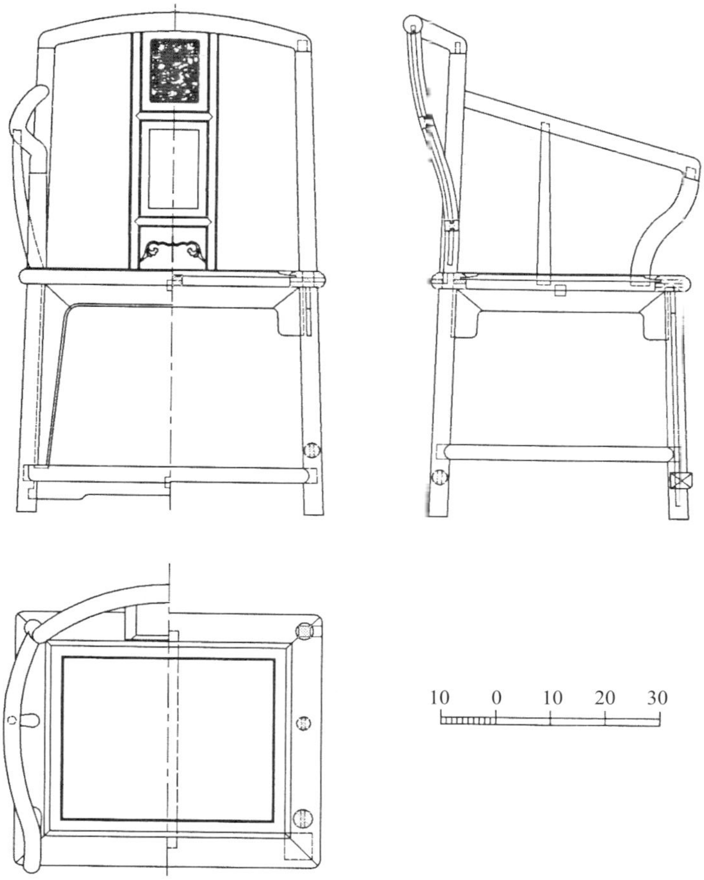

图5-11　南官帽椅结构装配图

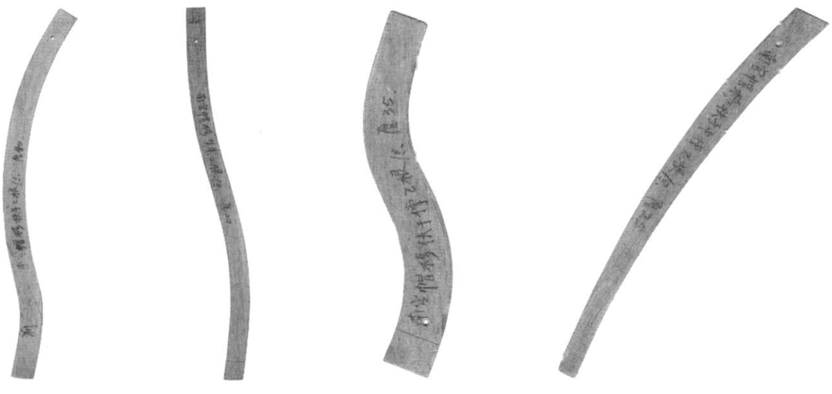

图5-12　南官帽椅异形零件样板

（2）开料单

明式南官帽椅配料清单如表5-1所示。

表5-1 明式南官帽椅配料清单 单位：mm

名称	长	宽	厚	数量/个	备注	名称	长	宽	厚	数量/个	备注
大边	580	65	30	2	—	后牙板	540	40	8	1	—
抹头	495	65	30	2	—	侧牙板	455	40	8	2	—
穿梢	410	35	20	1	—	牙头	100	55	8	6	—
面板	460	375	10	1	堆肚	搭脑	530	大样	45	1	—
前腿	465	35	35	2	—	背条	500	大样	20	2	—
后腿	920	35	35	2	—	中档	160	25	20	2	—
前帐	560	40	30	1	—	扶手	510	大样	40	2	—
后帐	560	28	28	1	—	鹅脖	275	大样	35	2	—
侧帐	475	28	28	2	—	联帮棍	340	大样	30	2	—
脚牙	540	35	8	1	—	背板	140	175	8	1	雕花
虚相	540	45	8	1	—		210	140	8	1	瘿木
	370	60	8	2	—	亮脚	140	75	8	1	雕花

注：此料单中零件的尺寸在长度方向上已经放出约20mm的余量。

（3）配料

配料是指依据配料清单、图纸或大样图及样板将木材加工成零件所需尺寸的工序，一般情况下长度方向要留有15～20mm的加工余量。传统工艺中完全采用手工制作，现代企业则基本使用机械加工。

5.3.2.2 具体划线内容

划线时标示的特定的线条或文字基本形成了一种通用的行业语言。如断料处要用贯通木料一周的截线；从一个面向与之相对的面引线或是作为其他线的参考点则只需用一种叫作“花线”的短线；如需特别说明的则在木料上直接书写文字（此处为了使图更明了，将榫眼处用交叉线进行了标示）。在现代企业，由于分工与加工方式的改变，划线也有些许不同，但基本保留了传统工艺的方法。以下所列举的南官帽椅的划线过程即基本按照纯手工的传统工艺进行。因为南官帽椅为左右完全对称，所以本书中作对的料只以其中的一件为例进行说明，具体划线过程如下。

（1）边抹

将前大边料置于工作台上，用三角尺在大面的其中一端确定一条基准线*ab*，再以此线为基准用直尺向另一端量出其长度尺寸560mm，并用*cd*线标出。接着分别以这两条线为基准向里量出65mm，用花线*L*和*M*标出，如图5-13所示。将*ab*线与*cd*线引向木料的其他三个面（即为截线），将*L*与*M*引向与其相邻的小面（面框的内侧）及与之相对的另一个大面，然后在内侧面上以两端的截线为基准划出穿梢榫眼长度方向的位置，如图5-14所示。最后用三角尺分别以*a*点和*c*点为起点向*L*和*M*两线与*bd*边的交点划出格角榫的45°斜线，其相对面亦然。最后在大面上划出格角榫榫头的宽度线，在面框内侧小面上划出格角榫榫头及穿带榫眼的厚度方向的线，如图5-15所示。

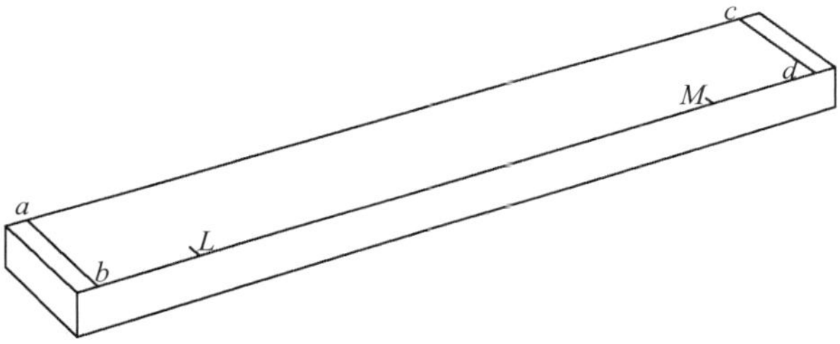

图5-13　前大边划线示意图一

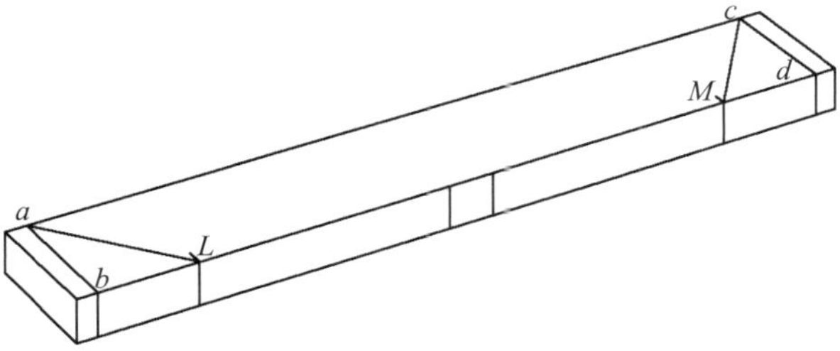

图5-14　前大边划线示意图二

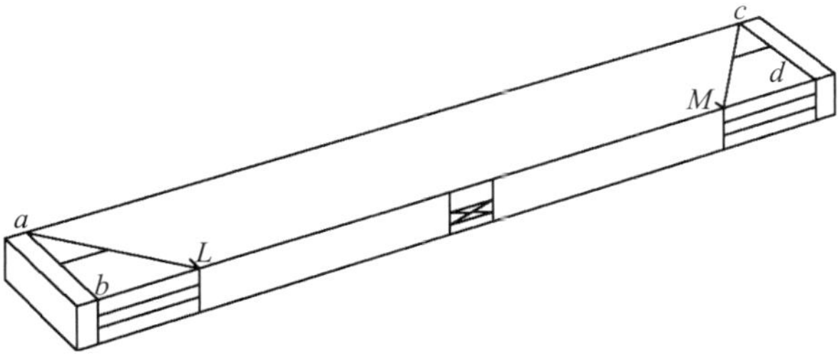

图5-15　前大边划线示意图三

后大边料与前大边料结构的不同之处在于其与抹头相连接处的格角榫除图5-15中的长榫外还加留了三角形的小榫，并且都做成了明榫，即蟹钳榫（有的椅子前大边料也采用这种结构）。其划线过程如下：将后大边料与前大边料并置于工作台上，将前大边料上的线*ab*、*cd*、*L*、*M*及穿梢榫眼长度方向的线引向与之对应的后大边料，不过两端的截线变为花线，如图5-16所示；再分别以两端花线为基准向其外侧量出5mm的余量并划出截线，向内侧依次测量并划出背条榫眼长度方向的线，接下来划出两大面上格角榫的45°斜线及各榫头榫眼，如图5-17所示。

抹头的划法与前大边类似，只是两端划成与前后大边相对应的榫眼，上面须划出鹅脖与联帮棍所在的榫眼，如图5-18所示。

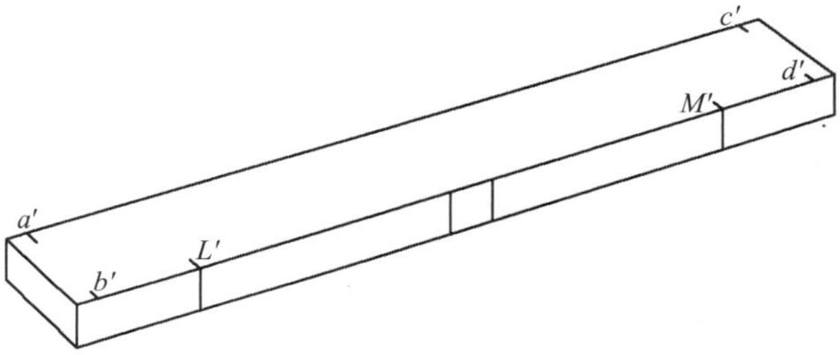

图5-16　后大边划线示意图一

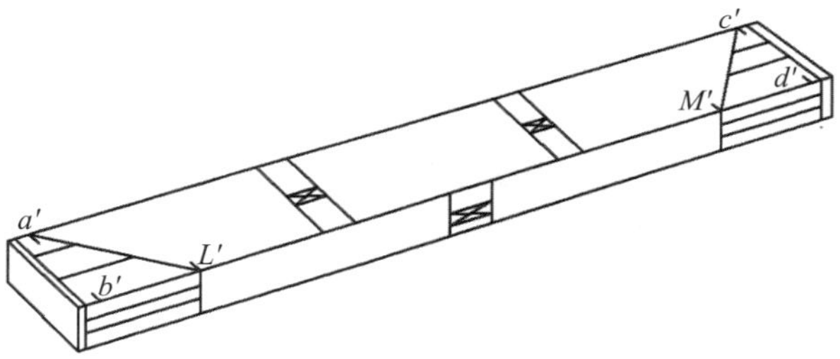

图5-17　后大边划线示意图二

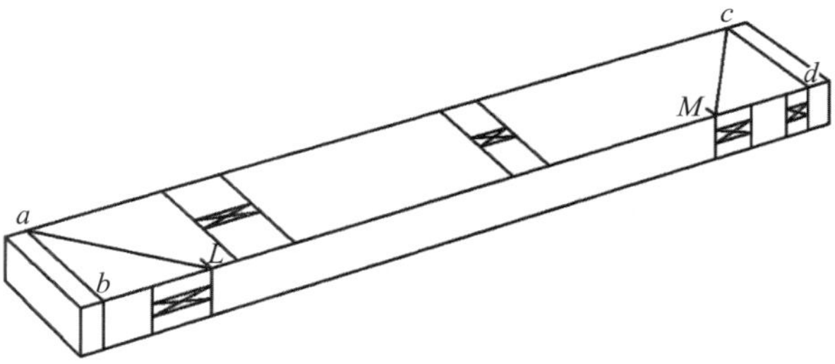

图5-18　抹头划线示意图

（2）前后腿

图4–1所示的官帽椅有侧脚，但其腿部划线时并不体现，待装配时再将其底端修整出一定角度即可。其划线过程如下：

先在一端划出基准线*ab*，向外量出其长度尺寸875mm并用*cd*标出，将这两条线引向其他三个面划为截线。以*ab*线为基准线向另一端依次测量并划出侧枨榫眼长度方向的线、侧面牙头槽口底端线、面框底端与上端线以及扶手榫眼线，以*cd*线为基准线向另一端依次测量并划出后枨榫眼长度方向的线、后面牙头槽口底端线、面框底端与上端线，如图5–19所示（此处也可直接将木料置于大样图的后腿部确定出相对应的尺寸）。因椅腿上端直径为30mm，而下端直径为35mm，因此以*a*点及*c*点为起点向上端划出此斜线。再划出枨子榫眼、槽口和与面框连接处需切削部位的线以及最上端的榫头线，如图5–20所示。

椅前腿划线时与后腿并置，将它们与侧枨相连的面朝上，先把后腿上相对应的线引过来，如图5–21所示。接着划出前枨榫眼长度方向的线、脚牙底端的线与腿上端榫头的长度线，最后将榫眼与榫头的厚度线、槽口线一一划出，如图5–22所示。值得注意的是，脚牙处的槽口线在长度方向上（即*A*线与*B*线之间）又划出一条线，因为上半段的槽口较下半段要浅一些，大概5mm即可，也可用文字标明。

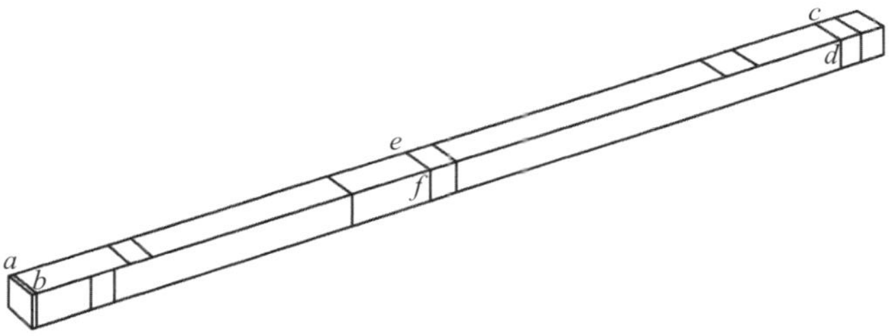

图5–19　后腿划线示意图一

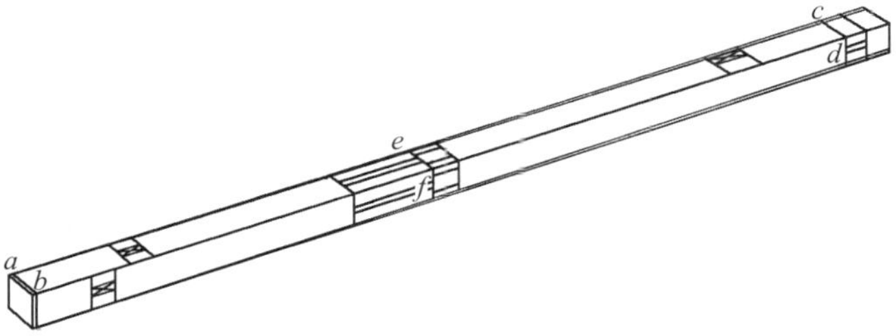

图5–20　后腿划线示意图二

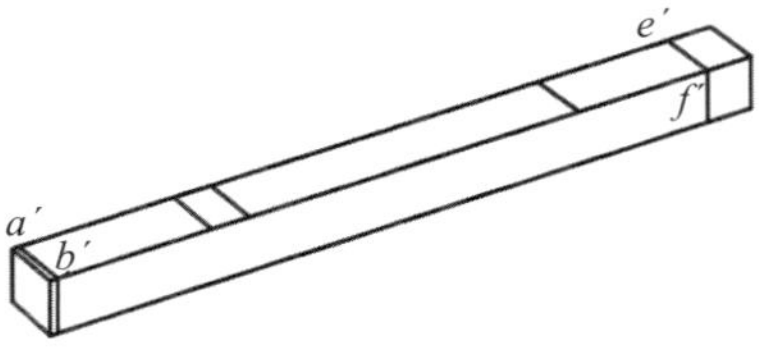

图5-21　前腿划线示意图一

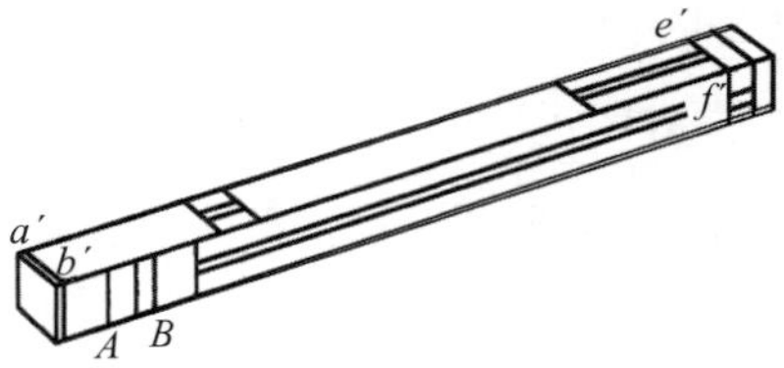

图5-22　前腿划线示意图二

（3）前枨、侧枨、后枨及脚牙

因南官帽椅有侧脚，为了更加准确，划线时将前枨、侧枨、后枨及脚牙分别放到大样图上对应处一一点出其两端头和前枨上端虚相的位置，将两端的线划成截线，再在此基础上划出截线外侧的榫头线、虚相在前枨上的槽口线及前枨与脚牙上的桩头线，如图5–23至图5–26所示。

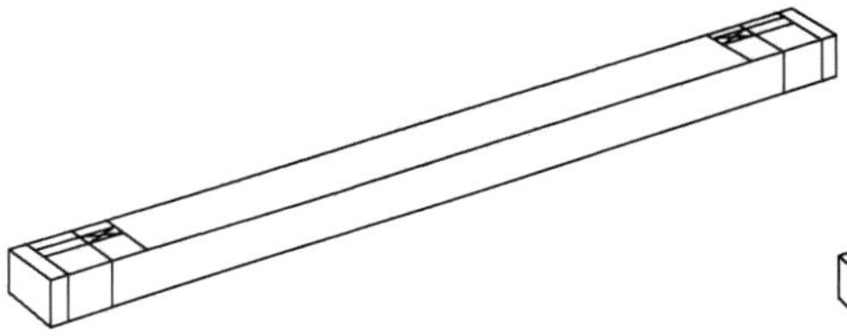

图5-23　前枨划线示意图

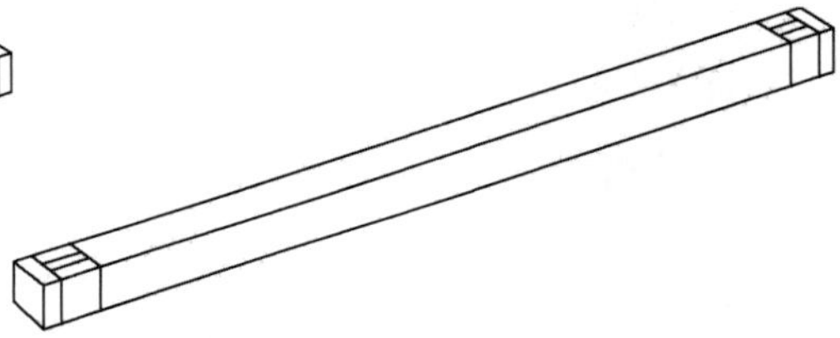

图5-24　后枨划线示意图

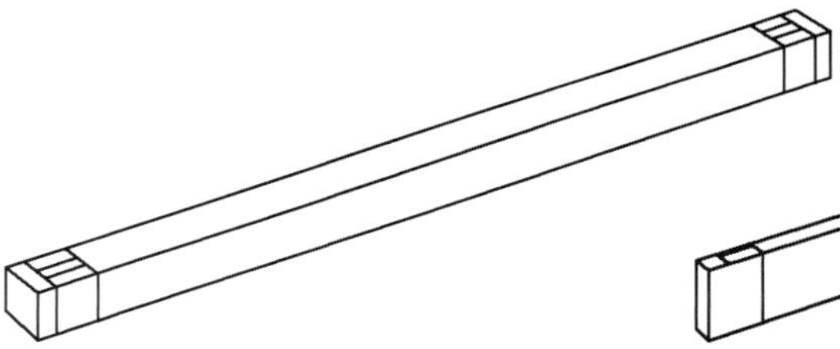

图5-25　侧枨划线示意图

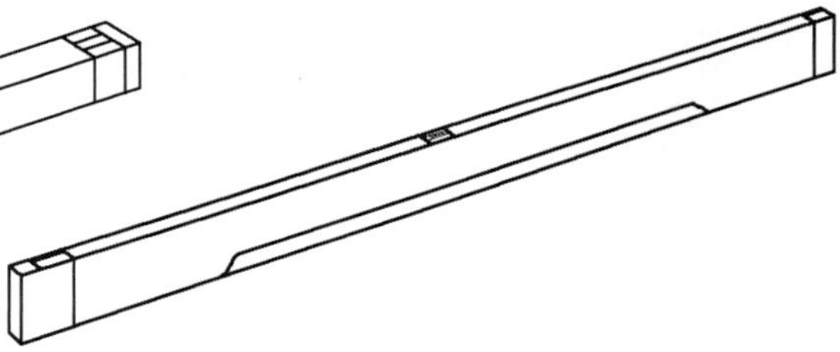

图5-26　脚牙划线示意图

（4）虚相、牙板及牙头

将横虚相平置于大样图之上先点出其对应的长度*a*点与*c*点以及格角榫所在位置*b*点与*d*点，用三角尺将这些点引出花线，并引向格角榫所在的小面以及另外一个大面，分别从*a*点与*c*点所在的线再向外引出5mm划为截线（格角榫榫头的余量），在其上端小面划出与面框连接的桩头长度方向的线。再将格角榫榫头与桩头榫眼的厚度线划出，最后划出此虚相的形状，如图5–27所示。后牙板与侧牙板的划法与之相同，不再赘述，如图5–28所示。

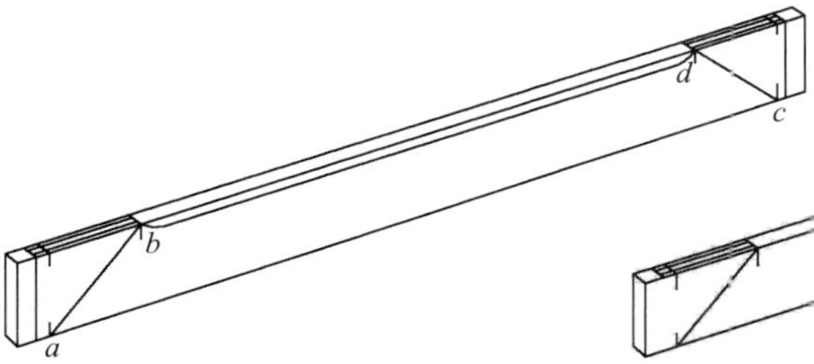

图5–27　横虚相划线示意图

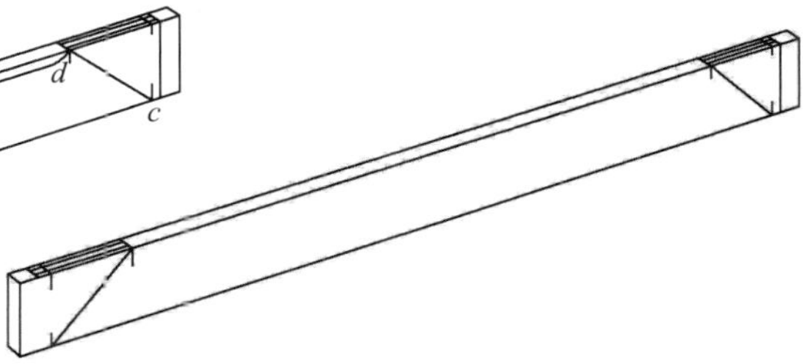

图5–28　牙板划线示意图

划竖虚相时同样将其平置于大样图之上确定其长度（即*a*点到*c*点的距离）以及格角榫所在位置*b*点，将*a*点引出划为截线，将*b*点引向榫眼所在的小面以及相对的大面，从*c*点向外量出6mm榫头长度并划出截线；接下来确定此虚相的宽度交上端截线于*d*点，用活络角尺连接*b*、*a*两点划出格角榫的斜线，再划出榫眼，划出竖虚相的形状（其相对面亦然）；最后划出它插入腿部和前枨的厚度，如图5–29所示。牙头的划法与之相同，如图5–30所示。

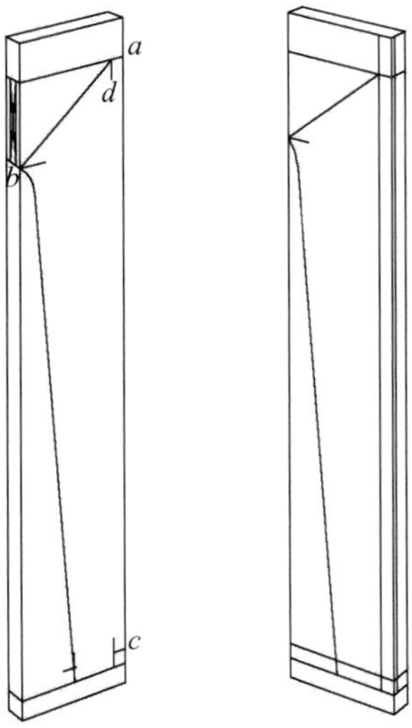

图5–29　竖虚相划线示意图

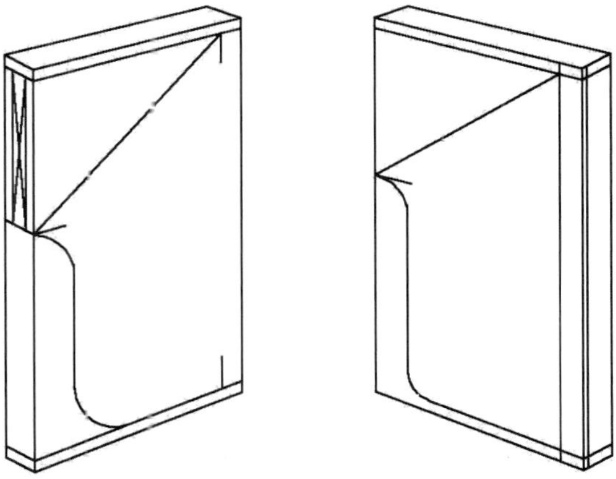

图5–30　牙头划线示意图

（5）搭脑

准备好搭脑料，依预先做好的大样在上面找到中线，然后在搭脑下端的小面上以中线为基准依次向两侧划出背条在此面上榫眼长度方向的线、后腿与其连接处的线，再分别从*B*线与*D*线向外划出5mm作为余量并引为截线，如图5-31所示；接下来，分别在*A*线与*B*线之间、*C*线与*D*线之间确定后腿在此处的榫眼长度方向的线，并将各榫眼厚度与背板槽口一一划出，如图5-32所示；最后依据大样将搭脑的形状描出，如图5-33所示。

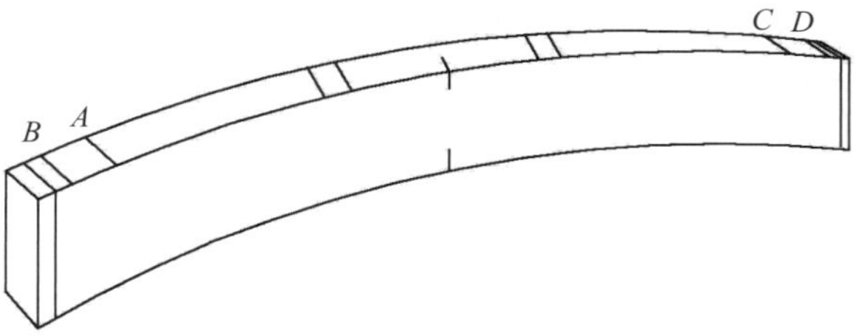

图5-31　搭脑划线示意图一

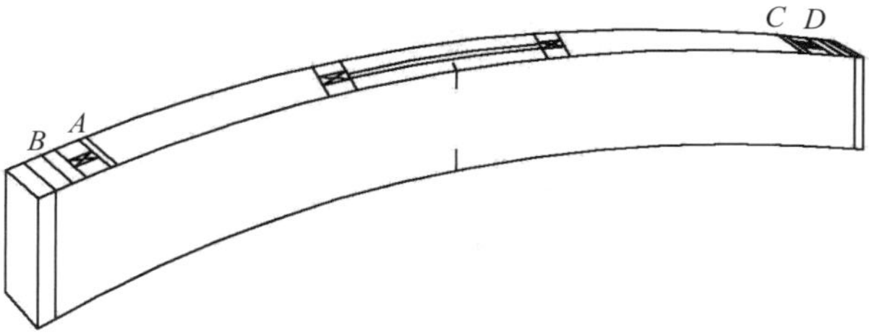

图5-32　搭脑划线示意图二

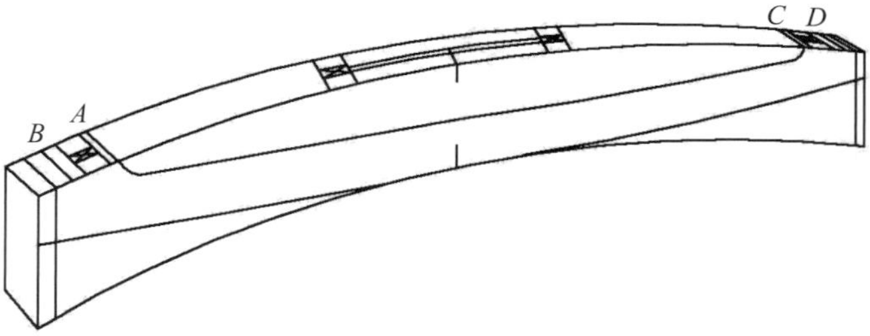

图5-33　搭脑划线示意图三

（6）椅背

将背条置于大样图的相应位置，点出其端头及结构连接处的各点并一一引出，然后划出底端榫头、格肩榫榫眼及槽口以及上端榫头和包肩的边缘线（原则是宁大勿小），如图5-34所示。

准备好中档料，先在上面（或下面）划出它在两背条之间的长度线，向外引出榫头的长度线并划为截线，然后划出格肩榫及槽口线即可，如图5-35所示。

背板只需划出其外尺寸。

（7）扶手、鹅脖与联帮棍

同样将扶手、鹅脖与联帮棍根据上述方法置于大样图上，点出各点并一一引出，在此基础上划出各榫眼、榫头及扶手的形状即可，如图5-36至图5-38所示。

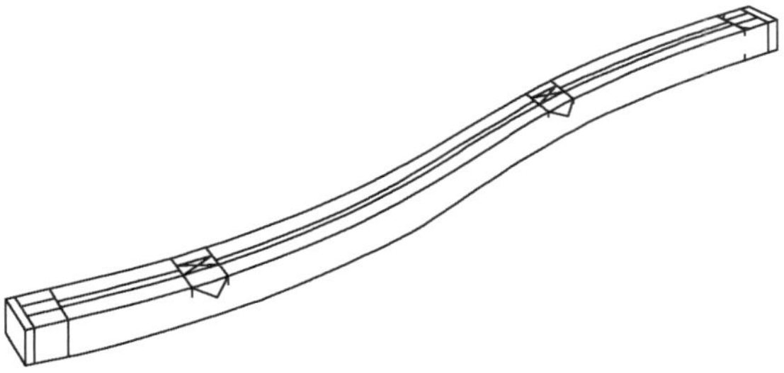

图5-34　背条划线示意图

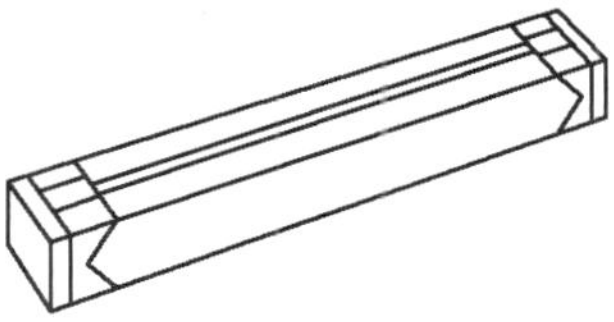

图5-35　中档划线示意图

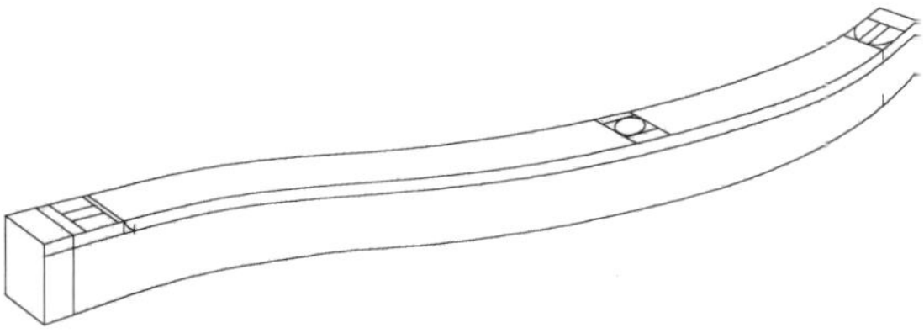

图5-36　扶手划线示意图

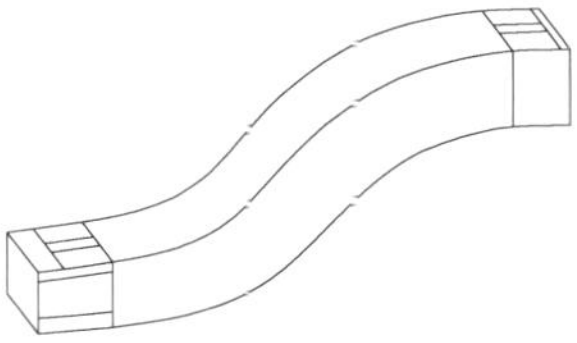

图5-37　鹅脖划线示意图

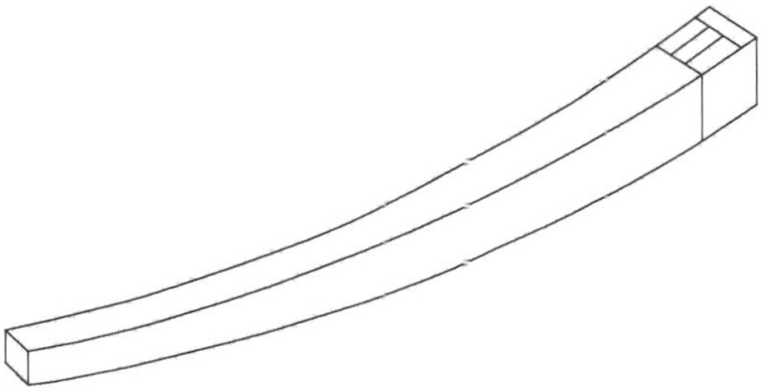

图5-38　联帮棍划线示意图

5.3.3　划线工艺中的常用措施

5.3.3.1　增强美观性的措施

（1）隐藏缺陷

划线师傅拿到一根料，首先要观察木料的纹理，看其是否有白皮、疤痕、开裂等缺陷。制作很讲究的家具会将有缺陷的木材丢弃不用，而一般的家具中，则要选择木材纹理漂亮且没有缺陷的部位作为外观面。另外，风头（干燥后木材堆放时露在外面被风吹裂的端头）要截掉，划线时靠另一端开始划。

（2）避免装配后出现缝隙

以上述南官帽椅的划线为例，图5-39所示为其局部结构装配图，标示处为椅腿与座面面框连接部位。线*ab*与*cd*间的距离为座面面框料的厚度30mm，而在实际划线时线*ab*要往下退1～2mm，距离*cd* 28～29mm。此举的目的是避免在木工装配时座面打磨后变薄而使此处出现缝隙影响美观。

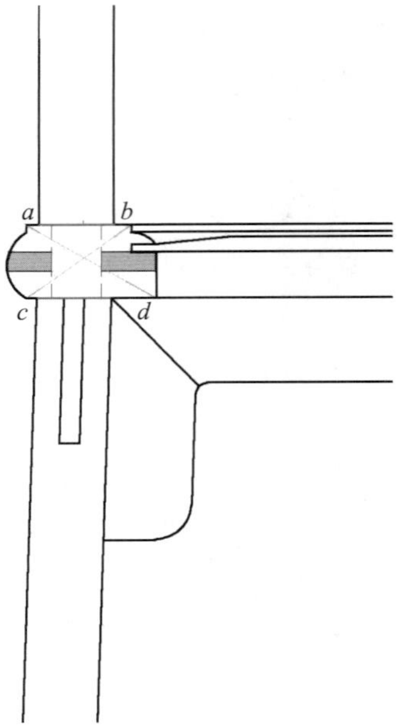

图5-39 局部结构装配图

类似的道理，椅背若为整板，那么与面框连接处的榫眼划线时两端要分别缩进去2mm，即如果靠背板宽为100mm，则对应的榫眼长应为96mm，以免加工时出现稍许误差或木材发生收缩而造成两侧漏眼。

还有一种情况，当两料之间有吉子（卡子花）时，为了避免在装配完成后吉子与之连接处因木材收缩变形而出现缝隙，在划线时要采取一定的措施加以预防。首先要根据吉子的样式决定其纹理的方向，在条件允许的情况下要尽量采用径向纹理方向与上下或左右的料通过榫头进行连接，从而减小其变形概率。但是在某些情况下，如图5-40中的如意头吉子，如果采用上下为径向纹理的话，吉子板则很容易开裂，所以纹理只能是横向的，然后再用桩头与上下进行连接，这时，在为其两侧竖料划线时就与通常有些不同了。图5-41所示为其接合的透视示意图，A料为左侧的竖料，B料与C料为吉子上下的横料，假设此如意头吉子的高度为x（mm），那么B与C间的距离n（mm）也理应为x，可实际划线时并非如此，为了达到上述目的，应根据吉子的实际尺寸，使此处的n有一个0.5mm甚至更大的负误差，即实际尺寸应小于等于x-0.5（mm）。这样便将毫厘之差所能引发的质量之忧消除在源头。

图5-40　座椅局部如意头吉子

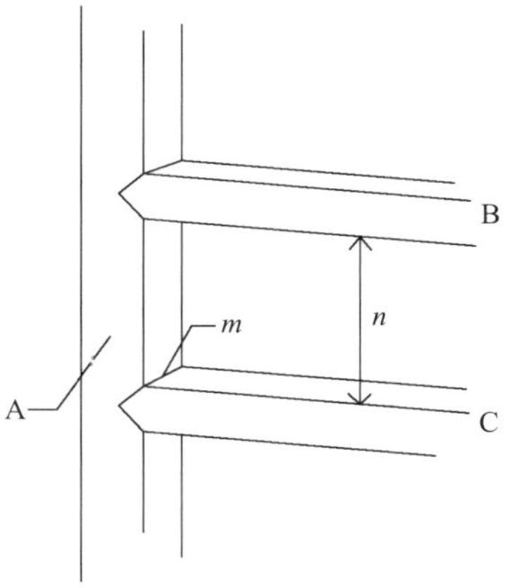

图5-41　透视示意图

（3）保证安装后齐平

如两料采用透榫连接，那么在划榫头时要将其长度留出大概10mm的余量，待到装配完成后再将多余的榫头锯除，如图5-17、图5-27、图5-28所示。这样就可以保证榫头与出榫面的齐平。

5.3.3.2　减小误差的措施

（1）从端头往中间划

如在一根料上存在一个或多个榫眼，且此料两端对称，那么应先确定好此料长度方向的精确尺寸后，从此料的两端头开始分别划向中间，而且尺寸要逐个累加，即始终以端头的线作为基准线向中间测量、划线，而非在前一个榫眼划完后再以它为基准去划下一个，如图5-17所示。因为直尺或笔的粗度等原因会使两线间的距离产生一定的误差，采用上述方法划线的目的是保证木料上所有的榫眼划完后每一端只有一个误差，且会体现在中间部位，而不会使误差逐步累加，越来越大。

（2）核对尺寸

划线时要始终对照图纸与材料单，划线前要逐一再核对一下它们的尺寸，以免部分零件净料加工时有误差，从而造成安装时出现问题。

（3）两料比对划线

在两根料之间有连接件时，如椅前后面框之间有一根托档（穿梢）相连，那么在划前/后面框料上与托档连接处的榫眼时就要拿先划好的后/前面框料作为参照，比对着划。这样才能最大限度地减小误差，确保在安装时前后面框能够正好对应，如图5-42所示。

图5-43所示为一款扶手椅的局部图，设矮老上c'点至e'点间的距离，即牙板底部到桥梁档上部的距离为l（mm），腿部c点至g点的距离为m（mm）。如图5-44所示，A、B分别为矮老和腿部的划线示意图，在划线时这其中就有些讲究。实际操作中要先将腿部的线划好：腿部除去上端出榫后的精确尺寸，即a点至足底的距离为n（mm），因此首先在木料上划好两端头的线，确定此尺寸，然后按照上文所提到的方法以端头的线ab作为基准线开始往下逐步累加去划，划出距线cd，再划线ef，接着划线gh，最后再将榫头、榫眼等划出。在这里线ef实际上是不存在的，划它的目的是为接下来划矮老做准备。划矮老时，要将其与腿比对着划出线$c'd'$及$e'f'$，这样即可最大限度地避免误差，确保它们的尺寸相对等，不至于安装后出现缝隙等问题。

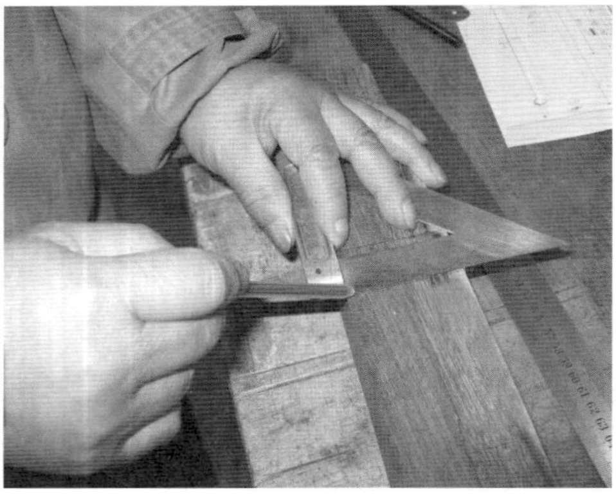

图5-42　两料比对划线

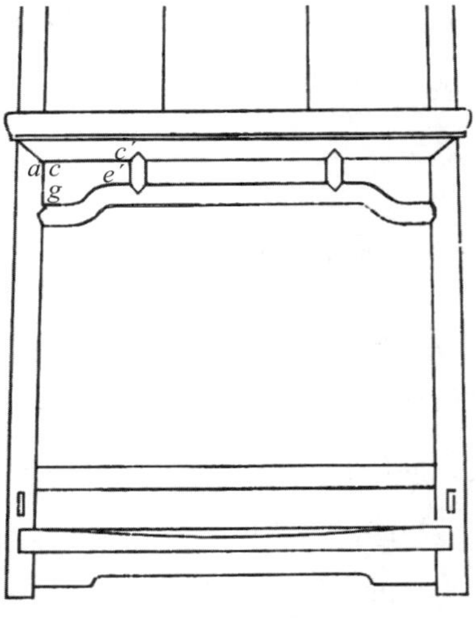

图5-43　座椅局部主剖视图

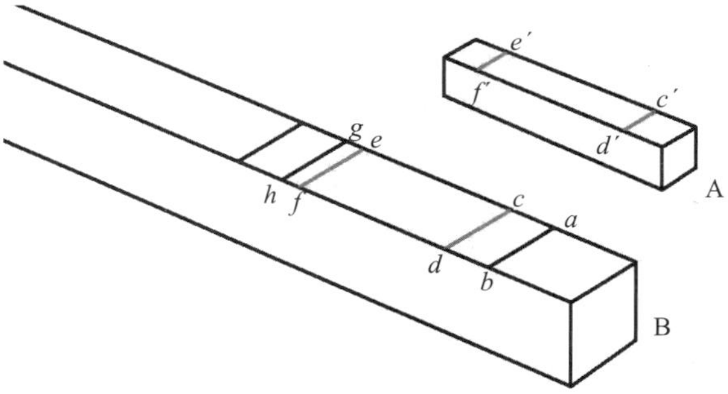

图5-44　矮老与腿部划线示意图

（4）延后划线

由于手工操作的不标准性与不确定性，并不是所有的榫卯在这一工序都完全标示清楚或一步到位，有些部位要在装配过程中再根据实际情况进行制作。如上述南官帽椅的穿梢料在此就不必划线，待装配时根据实际的边抹安装状况再锯切榫头会更加精准。边抹上的面板槽口线也不必划出，否则装配后四面的槽口有可能不完全齐平，所以要到边抹试安装并调整好后再锯出槽口。再如搭脑及扶手部分的拐角处在这一工序并不明确其外形，要在装配完成后再进行打磨，以确保其准确与美观。

5.3.3.3 利于加工与安装的措施

明式座椅的椅腿大多是下端粗上端细，那么划线时需要在方料上从下往上拉出此斜线，而此斜线应处于椅腿的外侧。因为内侧在装牙板的地方会有榫槽，如放在内侧则槽口深度会发生变化，给后续的安装带来一定的麻烦，如图5–20和图5–22所示。

5.3.3.4 保证牢固度的措施

（1）防止木材开裂

但凡硬木都坚而脆，柔韧不足，无伸缩性，因此对榫卯的要求也很高。关于如何使榫卯连接得紧密又不至于将木材胀裂，划线师傅在多年的实际操作中积累了丰富的经验和方法。

在实际划线中，并不是单纯地一根一根去划，师傅要始终全面进行考虑。例如，在确定榫头长度或厚度时就要同时考虑这一尺寸是否符合与它连接的另一根料的榫眼部位的要求。一般情况下榫眼两侧的边皮余量要比榫眼宽度略大，这样当榫头插进时所产生的张力会小于其两侧木材对它的作用力，有效避免了木材开裂。

如果两料连接时榫眼的位置在一根料的端头，那么划线时就有了特殊的要求。如图5–32所示，南官帽椅的搭脑端头与椅腿连接处的划线，可以看到在其最外侧留有了10mm的余量，待到装配完成后再将其锯除。这10mm的加工余量就可以在榫头严密连接的前提下有效地防止搭脑端头的木材开裂。

同时还可以看到，榫眼外侧（*B*线与*D*线一端）的边皮厚度要大于内侧（*A*线与C线一端）。因为在装配后要对搭脑的外侧进行打磨倒角，如果此处薄的话就会对质量留下隐患，有可能发生开裂。

（2）保证榫卯连接强度

在传统家具制作中，划线师傅会根据不同的家具、不同的部位合理设计其榫与卯的关系，以保证连接强度最大化，比如哪里做半榫哪里做透榫等，都要“随机应变”。

在椅类家具中往往在其踏脚或开间料的下端还会有牙板构件，踏脚是其主要结构构件，而牙板除了有一点承托作用外主要是作为一个装饰构件。那么当为椅或柜的腿部划线时，就应考虑到在此处有两根横料与之相连，榫眼与榫槽相邻，为了保证主要结构件的连接牢度，下面的牙板与椅腿连接的榫槽上部就要浅一些，以防止此处挖空太多，上部榫头插入后会不够紧密，出现晃动，如图5-45所示。另外，此举也减小了对木料强度的破坏。当两枨等高时所采用的大进小出榫，也同样是为了保证榫头连接牢固同时避免把腿足等部位凿去太多。

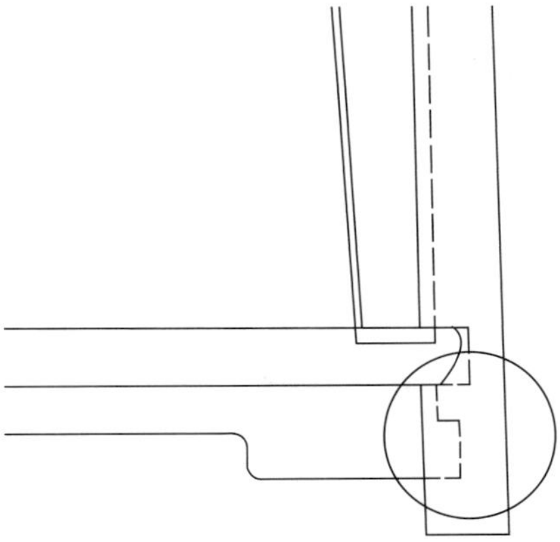

图5-45　座椅踏脚处连接细节

小结

①通过对明清苏式传统座椅用材的分析可知：苏式传统家具非常注重用材的选择，在座椅上主要使用的材料有木材、石材、瓷、藤等，除注重就地取材外还非常重视其他优良家具用材的开发和使用，注重舒适性，并且始终注重与其高雅的艺术品位相契合。

②总结了关于结构的主要名词术语，通过对面框与腿部、后腿与搭脑、圈椅椅圈、椅背部位几个主要结构的分析可知：苏式家具的榫卯结构运用合乎力学原理，顺应木材材性，而且重视美观与实用。

③介绍了苏作传统家具制作中常用的划线工具，它们除了实用之外还被匠师们几乎做成了艺术品；以一款南官帽椅为例详细展示了苏作划线工艺，它包括绘制大样图及制作样板、开料单、配料、划线几个步骤；接下来总结了苏作划线工艺中的常用措施，有增强美观性的措施、减小误差的措施、利于加工与安装的措施，以及保证榫卯连接强度的措施。

通过本章的分析可以得出，苏式传统家具历经数百年仍能风采依旧，这主要得益于以下几个因素：首先，优质的材料选用为其奠定了物质基础；其次，科学合理的结构设计确保了家具的稳定性；更为重要的是，精湛的制作工艺赋予了家具持久的生命力。其中，作为基础工艺的划线工艺发挥着关键性作用。通过对这一传统工艺的深入探究与细细品味，我们得以深刻领悟其中蕴含的“工艺之美”，这种美不仅体现在外在的形式上，更彰显了传统匠人对技艺的极致追求。

参考文献

[1] 王圻，王思义．三才图会［M］．上海：上海古籍出版社，1988.

[2] 王世襄．明式家具研究［M］．北京：生活·读书·新知三联书店，2008.

[3] 王世襄．明式家具珍赏［M］．2版．北京：文物出版社，2012.

[4] 伍嘉恩．明式家具二十年经眼录［M］．北京：故宫出版社，2010.

[5] 濮安国．明清家具装饰艺术［M］．杭州：浙江摄影出版社，2001.

[6] 李宗山．中国家具史图说［M］．武汉：湖北美术出版社，2001.

[7] 崔咏雪．中国家具史·坐具篇［M］．台北：明文书局，1989.

[8] 濮安国．明清苏式家具［M］．长沙：湖南美术出版社，2009.

[9] 徐民苏，詹永伟，梁支厦，等．苏州民居［M］．北京：中国建筑工业出版社，2017.

[10] 张志辉．玫瑰椅小议——兼谈陈继儒与眉公样［J］．故宫博物院院刊，2021（12）：101-112+138-139.

[11] 王其钧．中国民居三十讲［M］．北京：中国建筑工业出版社，2005.

[12] 古斯塔夫·艾克．中国花梨家具图考［M］．薛吟，译．北京：地震出版社，1991.

[13] 王卫平，王建华．苏州史纪［M］．苏州：苏州大学出版社，2024.

[14] 冯天瑜，杨华，任放．中国文化史［M］．北京：高等教育出版社，2007.

[15] 曹文柱，赵世瑜，李少兵．乾坤众生［M］．上海：华东师范大学出版社，2006.

[16] 段本洛，张圻福．苏州手工业史［M］．南京：江苏古籍出版社，1986.

[17] 柳宗悦．工艺之道［M］．徐艺乙，译．桂林：广西师范大学出版社，2011.